EUROPA
STEREO
DE TOMATES
TOMATO PASTE
DIEG BOU DIAR
PLEASE TAKE ONE
FILL UP A BAG

εκλεκτές επιτραπέζιες
ΜΑΥΡΕΣ ΕΛΙΕΣ
GLOBE HOPE
CHICKEN

FLOORING
FLASHING

CHECK OUT

IDEA
R
LAB

クリエイティブリユース

廃材と循環するモノ・コト・ヒト

＊1頁　「廃材カード」。クリエイティブ・コモンズ・ライセンスを採用。
＊2-3頁　筆者が世界中から集めたクリエイティブリユースのモノたち。
＊4-5頁上　産業廃棄物の中間処理を行っているナカダイの工場。
＊4頁下　アメリカ・ポートランドの「リビルディング・センター」
＊5頁下　ニューヨークの「MFTA（Materials For The Arts）」。
＊6頁上　「とびらプロジェクト」での廃材収集のためのミーティング。
＊6頁下　「IDEA R LAB」関連施設「マテリアル＆ツールライブラリー」。
＊7頁上下　岡山・玉島にオープンしたクリエイティブリユースの拠点「IDEA R LAB」。平土間のアトリエと和室。
＊8頁上下　「IDEA R LAB」の全景と、江戸時代に建てられた東蔵の2階。

目次

クリエイティブリユースとは何か

ゴミには、廃棄してしまうには惜しい美しさやおもしろさを秘めたものがある。また、私たちの目に触れないまま、有償で処分されるゴミも沢山ある。もちろん安全に廃棄・焼却等が必要なものは定められたように扱わねばならないし、資源活用のためには原材料に戻すというコースを選ぶことも大切だ。しかし、ゴミの種類によっては、そこに至る手前で再度新しい命を吹き込み、生かす方法がある。何のために？　どのように活用する？　誰が携わる？　再び流通させるには？　そこには「クリエイティブリユース」という考え方が存在する。

今、世界中で既に多彩な実践や試みがなされている。最もわかりやすい例のひとつは、「FREITAG」（フライターグ）というブランドだ。廃棄されるトラックの幌やシートベルト、自転車のインナーチューブを再利用してバッグや財布などをつくっている。この一九九三年にスイスで生まれたプロダクトの愛用者は世界中にいる。少々の汚れも個性として受け入れられており、同じモノがないという点も購買欲を刺激する要素となっている。

筆者はこの約七年間、クリエイティブリユースの拠点を訪ね歩き、数々のプロジェクトを取材し、時に直接関わってきた。余剰なモノ、不要なモノと思われているゴミが、他に代えがたい価値を帯びたり、コミュニティをゆるやかにつなぐ潤滑油になったり、教育やアートを下支えしたり、人の暮らしを豊かにしていく材料として活用される事例を、日本を含む世界のあちこちに見てきた。そして、それらを一冊の本にまとめようという時に、東日本大震災とそれにともなう福島第一原発の事故があった。今、私たちの価値観は揺らぎ、生活や生き方を問い直さざるをえなくなっている。今後、どこに住まい、どのように働き、暮らしていけばいいのか、コミュニティの力とは何か、そんなことを考え続けている人は多いのではないだろうか。筆者もそのひとりであり、自らの実践も含め、本書を著そうと思うに至った。

これまで「リサイクル」と呼ばれるものには、重要な意義はあってもデザイン的にいまひとつ垢抜けない、自己満足の成果物が多かったのも事実である。その言葉の持つぼんやりとしたネガティブイメージが、少なからず人の積極的な参加や創造性を抑えてしまっていたように思う。しかし、筆者が訪ね歩いてきたクリエイティブリユースの活動は、新しい時代を切り開いていく、ダイナミックで開放的な力に満ち溢れていたし、身の丈に合った生活を楽しみながら、手や体を動かす人々の姿があった。また、そこでつくり出されている生産物（モノ）や生まれている効果（コト）は実に多種多様で、個性豊かで味わい深いものがあり、感動を与えてくれた。アートとしか言いようのない作品や、ビジネスとして成立している質の高いモノまであり、それらと出会う度に心躍らされた。私自身も工夫しながら何かをつくりたい！と、じっとしていられない気持ちになったのである。

加えて、それぞれのプロジェクトが生まれた街は、おしなべて環境に配慮された、居心地の良い場所であったことも強く印象に残っている。自転車利用率の高い「環境都市」であり、アートやデザインによって人々が生き生きとした「創造都市」なのである。街にとってそのふたつの要素は、明るい未来へ向かって進むための前輪と後輪なのではないだろうか。

プロジェクトにはさまざまなバリエーションがある。アメリカのポートランドにある「スクラップ」(67頁)や、オーストラリアにある「リバース・ガービッジ・シドニー」(50頁)のような非営利組織による地元地域内での活動、ニューヨーク市の文化局が行うような公的な活動(137頁)、フィンランドの「グローブ・ホープ」(103頁)のような企業のビジネス、南アフリカの「タウンシップ・クラフト」(93頁)のようなアーティストやデザイナーが積極的に関わっているものなど、大規模なものからささやかなものまで揃っている。そして、そのどれが正解というわけではなく、それぞれが探り当てた独自の運営のかたちがベストであるのがおもしろいところなのだ。

本書では、クリエイティブリユースによって、買っては使い捨てる消費一方ではないモノとヒトの関係を築くこと、コンパクトで心豊かな暮らしを自分たち自身の手で整えていくこと、ものづくりや教育の「循環」に多くの人々が間接的にでも関わっていくことで、街やコミュニティにどのような変化が起こるのかを考えていきたい。

クリエイティブリユースとは何か

——必要なモノと不必要なモノとの非効率なバランス

現在、私たちの住んでいる日本には、モノが溢れている。まめに廃棄したりリサイクルショップやガレージセールに出したとしてもなかなか片付かないほどだ。しかし不思議なことに、何かものづくりをしたいと思った時に、手頃な素材は身の回りでは見つからない。私たちは、これだけモノが溢れている中で、肝心な創作のための素材は一から買い求めなければならないという、妙に非効率な環境で生活している。

かつては何でも自分たちで工夫しながら、身近なところでモノをつくっていたから、端材や道具が家の中にもあったし、街の小さな製造業には活気があり、子どもたちはそこから出てくる余剰品を活用して遊ぶこともできた。しかし、身の回りからそんな製造業やちょっとした手作業が消え、私たちの生活は消費一辺倒になり、創造の喜びも、お金を支払ってキット化された商品と引き換えに得るようになった。端材や廃材と、商品として標準化された素材には大きな隔たりがある。ものづくりや子どもたちの教育、そして私たちの生活を支える素材が、一〇〇円均一の商品になりつつあるのは残念でしかたがない。「必要と不必要のバランス」が経済の仕組みの中で、徐々に壊れてしまったのではないだろうか。つくる技術も、つくる場も外へ外へと出払ってしまい、気付けば私たちが持っていた「手の知性」が失われていたというのが今の日本だ。工夫して自分自身でつくることが、安い商品を買うより高くつくと思い込んでいる人は多いが、長い目で見れば、それははなはだ怪しい。消費こそが経済を回す一番のエンジンだと信じて疑わなかった時代は終わった。大量生産・大量廃棄は環境を破壊するだけでなく、私たちの暮らしの中にあった文化も消し去ろうとしている。

「豊かさとは何か」。訪ね歩いた先の人々から、はっきりとその答えを受け取ったように感じた。方向転換するなら、今が最後のチャンスだろう。

──なぜ廃材なのか

市場に出ない不思議な廃材には創作意欲を大いにかきたてられる。それに、

クリエイティブリユースとは何か

廃材は少量で種類が混在していると魅力が見えづらいが、色や種類別に分類すると、急に輝き出し、美しく見えてくる。また、欠けがあったり半端なモノは想像力を刺激する。子どもがかじりかけの食パンを何かに見立てて遊ぶのは、そこに想像をふくらませるフックが潜んでいるからなのだ。今、ミュージアムショップの売れ筋にリユース素材のプロダクトが台頭してきているのは、素材自体のおもしろさと、それを活かすヒトの感性の素晴らしさに多くの共感が得られているからだと思う。ヒトの想像力と創造力は対になって発達する。そして、そのふたつの「ソーゾーリョク」と、ものづくりの基礎体力は未来の社会を切り開く原動力になる。

クリエイティブリユースには、廃材の調査→収集→分類・整理→開発→制作→流通・販売→啓発という大きな循環があり、そこに関わる人同士のコミュニケーションを活発にする。なぜならば、廃材の活用には子どもからお年寄り、そしてアーティストやデザイナー、社会的弱者、大学の研究室など、さまざまな立場の人が関われるからである。つまり、廃材は地域の連帯を強める触媒になりうる。

また、そこでつくられるモノは、自分の楽しみのためだけではなく、一点モノのアート作品や、世界中で評価される質の高いプロダクトに生まれ変わる可能性もある。地域ビジネスのような「コト」として育っている事例もある。大きな循環によって地域が元気になり、社会的に恵まれない人々の立場が改善されることもあるのだ。持っている資源をローカルな範囲で大切にすること、廃棄ではなく創造的な再利用を考えること、工夫を楽しみながらつつましくも心豊かに生きること。それらがこれからの私たちの目指す方向なのではないか。

本をまとめるにあたり、なぜクリエイティブリユースに心惹かれたのだろうと、改めてこれまでを振り返ってみた。遡れば、筆者の活動の中にも、生まれ育った街や家庭の中にも、きっかけとなりうる出来事が数多く存在した。それらを紐解きながら、章を進めるごとにクリエイティブリユースの魅力を深く掘り下げていきたいと思う。

世界のクリエイティブリユース・ガイド

大阪府立大型児童館ビッグバン(25頁)
沖縄こどもの国　ワンダーミュージアム(32頁)
遊美工房　つくりっこ(45頁)
泉の家(48頁)
OIDEYOハウス(97頁)
poRiff(116頁)
KOSUGE1-16(118頁)
ことばのかたち工房(130頁)
トゥータ.(144頁)
かえっこ(146頁)
尾道空家再生プロジェクト(148頁)
日本
スクラップ(67頁)
リビルディング・センター(71頁)
ノース・ポートランド・ツールライブラリー(75頁)
ポートランド・チルドレンズミュージアム(79頁)
パウエルズ・ブックス(82頁)
スクールハウス・サプライーズ(132頁)
マックメナミンズ・ケネディ・スクール(135頁)
メッカ(84頁)
イーストベイ・デポ・フォー・クリエイティブリユース(120頁)
エコ・センターとリユース・ラボラトリー(123頁)
スクラップ・サンフランシスコ(125頁)
ロサンゼルス・チルドレンズミュージアム(22頁)
MFTA(137頁)
ボストン・チルドレンズミュージアム(22頁)
ポートランド
ユージーン
サンフランシスコ
ロサンゼルス
ボストン
ニューヨーク
リバース・ガービッジ・ブリスベン(53頁)
ブリスベン
シドニー
リバース・ガービッジ・シドニーとM. A. D.(50頁)

第二章

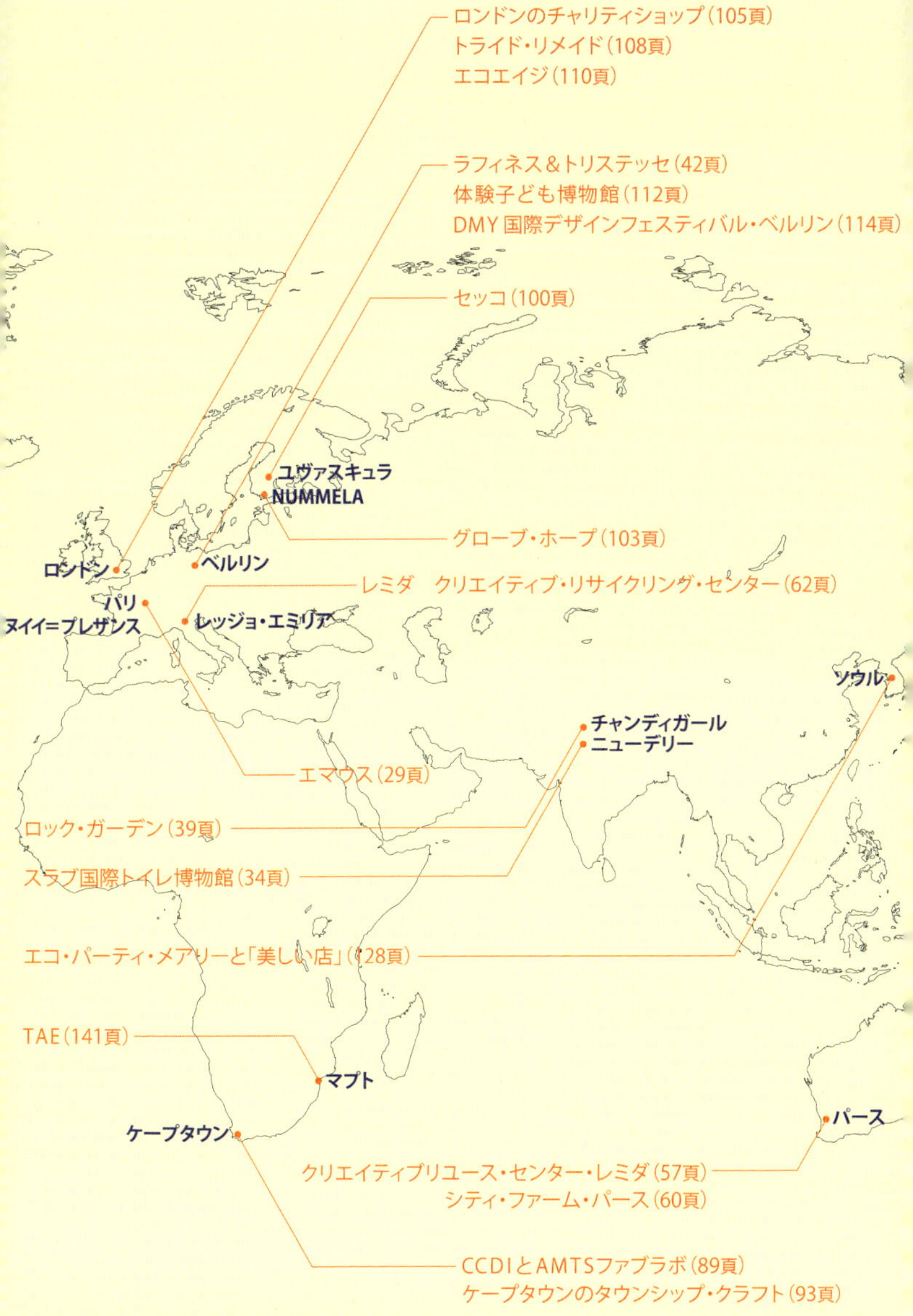

ロンドンのチャリティショップ（105頁）
トライド・リメイド（108頁）
エコエイジ（110頁）
ラフィネス＆トリステッセ（42頁）
体験子ども博物館（112頁）
DMY 国際デザインフェスティバル・ベルリン（114頁）
セッコ（100頁）
ユヴァスキュラ
NUMMELA
グローブ・ホープ（103頁）
ロンドン
ベルリン
レミダ　クリエイティブ・リサイクリング・センター（62頁）
パリ
ヌイイ＝プレザンス
レッジョ・エミリア
ソウル
チャンディガール
ニューデリー
エマウス（29頁）
ロック・ガーデン（39頁）
スラブ国際トイレ博物館（34頁）
エコ・パーティ・メアリーと「美しい店」（128頁）
TAE（141頁）
マプト
ケープタウン
パース
クリエイティブリユース・センター・レミダ（57頁）
シティ・ファーム・パース（60頁）
CCDIとAMTSファブラボ（89頁）
ケープタウンのタウンシップ・クラフト（93頁）

子どものための廃材ショップ

ボストンとロサンゼルスのチルドレンズミュージアム 1986年10月

BOSTON & LOS ANGELS CHILDREN'S MUSEUM

一九八六年のこと、筆者は七年間勤めた板橋区立美術館を辞めた後、すぐに「湘南台文化センター子ども館」のオープンに向けて、展示やワークショップの計画を立てる仕事をすることになった。そして、それがひと段落した後、思い立って、アメリカにある子ども関連のミュージアムの現場を見て回ることにした。今のように各館のウエブサイトで活動が紹介されていれば、大雑把な情報収集もできるのだが（見ると聞くでは大違いの場合もあるのは当然のこと。実際に自分で体験しないと本当のところはわからない）、当時は、イギリスで出版された世界の美術館・博物館一覧を取り寄せたり、文化に特化したアメリカの旅行本などを集めては、当たりを付けた。探していたのは、人間における創造力と想像力を喚起するようなミュージアムだ。分野を問わず、子どもたちに向けて丁寧な仕事をしているところを探した。

下調べの末に、ロサンゼルス、ニューヨーク、ボストン、フィラデルフィアと移動しながら、各地のチルドレンズミュージアムを見て回った。出かける前から「ボストン・チルドレンズミュージアム」に廃材ショップがあることは知っていたが、「ロサンゼルス・チルドレンズミュージアム」のフロアの片隅にも、短く切った紙管が横積みにされた棚があり、さまざ

ロサンゼルス・チルドレンズミュージアム。紙管による棚が積まれている。

まな廃材が種類ごとに分けられ収まっていた。ワークショップではそこから直接素材を選んで使えるというそのラフさがなんとも心地よかった。手づくりの看板やペインティングが施されたリユース素材のコーナーは、身構える必要のないゆるい空気感があり、子どもたちが自然に手を動かしたくなる雰囲気に満ちていた。

ロサンゼルスには、サイモン・ロディア（一八七九－一九六五年）が三〇年以上かけて廃材を集めて自力でつくった「ワッツ・タワー」がある。鉄とモルタルとさまざまなタイルや空き瓶で装飾された塔は迫力がある。そのふもとには地域の住民のための小さなアートセンターがつくられていた。一九六五年のワッツ暴動で荒んだ地域の立て直しに子どもの教育が大切だと考えられたのかもしれない。

続いて東海岸へ移動し、チルドレンズミュージアムの世界的な聖地とも言える「ボストン・チルドレンズミュージアム」へ。館の廃材ショップは、かなり大きく立派で、きれいに分類されて並べられた素材が壮観だった。子どもだけではなく大人もあれこれ手に取り、買い物を楽しんでいる。紅潮した顔の親子が掘り出し物をリュックに詰めているのを見ると、家に帰ってどんなモノをつくるんだろう？　とこちらもつい想像してしまう。紙袋一杯いくらという売り方も、詰め放題の楽しさがあるし、誰もが思わず何かをつくりたいという気持ちに火を付ける

22・24頁写真提供：Naomi Kawakami

ボストン・チルドレンズミュージアム。廃材を持った親子。

ゲームや教材の部品、シール、発泡の保護材、紙のコースター、式典用のバッジ、紙箱、木のボール……。沢山の素材がざっくり並ぶ。

廃材のセレクションに、館のスタッフのセンスを感じた。また、街の隅々から丁寧に回収していることが、素材の豊富なバリエーションから見て取れた。実は、専用の大きな収集トラックを持ち、企業やお店からコンスタントに廃材を仕入れている。「ボストン・チルドレンズミュージアム」には、いわゆる通常のミュージアムショップも完備されていて、大変充実しているが、そんな商品群とはまた違った意味合いのモノが、廃材ショップでごくごく廉価で売られている。それはとても良いバランスだと思った。

最近は、ショップの中に簡単な制作コーナーも設けられたようで、素材を手に入れてすぐに切ったり、貼ったり、組み立てたりができるようになったようだ。人が工夫するさまを見るのはとても刺激になる。おもしろそうだなー、自分もやってみよう！と、にわかに素材に興味がわく子どももいるに違いない。そう、ここは単なるショップなのではない。集められた廃材を通して環境やコミュニティや産業を考え、人が持つふたつのソーゾーリョク（想像力と創造力）を試す実験室であり、その様子を丸ごと見せる展示室でもあるのだと思う。

素材を通して街のなりわいとつながる

大阪府立大型児童館ビッグバン *1998-2001年*

CHILDREN'S MUSEUM BIG BANG

一九九八年、筆者は大阪府立の「大型児童館ビッグバン」の設立準備と、その後の企画運営のため、思いがけず大阪の中心地に住むことになった。生まれ育った倉敷市玉島と、大学生以降住み続けている東京しか知らない人間にとって大阪は、それまでいた場所とは全く肌合いが違い、独自の魅力に溢れていた。おもちゃ問屋、服飾産業、町工場などのさまざまななりわいが街に息づき、また、そういったなりわいに必要とされる素材が、時に街路にまで溢れ出していることにも興味を引かれた。夜間、歩道に出されている廃棄物をよく見ようと自転車を降りて歩くのも、楽しみのひとつとなった。大阪の街は筋によって業種も大きく変わる。通りごとに変化する廃材から、その仕事内容や技術の進歩などが感じ取れるのもおもしろかった。大阪事務所を置いたのが、たまたまボタン問屋さんのビルの上だったことも、ひとつの出会いを生んだ。

ボタン問屋さんはビルのオーナーでもあり、そのオフィスにお邪魔した際に、ボタンを服地の色に合わせて染める作業を見せていただいた。また、机の上に広げ、仕分けされ、積み上げられた珍しいデザインのボタンに目を奪われたりもした。そんな交流が続く中、ある時、ふと気付いたのがボタンの見本帳だった。テーマごとに台紙に貼られ、ファイルになっている。聞けばシーズンごとにすべて廃棄しているという。こんなに美しいボタンが全部捨てられる!? 筆者は早速「ビッグバン」にやって来る子どもたちのためにそれらをいただけないか打診した。問屋さんは快諾してくださった上に、「こんなのもあるよ」と同じデザインの大量の余剰ボタンや、ビーズ類、バックルなど、繊維の街らしい素材をあれもこれもと提供してくださった。見本帳のままでは場所をとるので、ひとつずつボタンを切り離す手間はかかるが、イマジネーションをかきたてるカラフルなボタン類が、無料でこんなに沢山手に入るならば、と決心した。空いた時間に、せっせと台紙に留められた糸を切り、ボタンをストックしていった。そうしたボタンがザクザクあるさまは豊かで、子どもはもちろんのこと、大人もボタンを触り、必ず自分のお気に入りを探し始める。そして想像し始める。そんなふうにスイッチが入ったら、もうしめたものだ。これが買ってきた少量のボタンではなかなかそうはいかない。見たことがないほど大量に同じモノが集まった光景は、美しく、私たちの心を揺さぶる力を宿す。

繊維の街・大阪には、ファッションメーカーも多く存在する。そこではシーズンごとに見本布がつくられ、さまざまな服に縫製されるが、その見本布もボタン同様シーズンごとに廃棄される運命にある。知人を介して、そういったファッションメーカーにもシーズンごとの見本布の寄付をお願いした。クリエイティブマインドに満ち溢れた会社の方々からすれば、自分たちが知恵を絞って一生懸命デザインしたものが、見本とはいえ廃棄されることに心が痛んでいたようで、それらが子どもたちの創造性を喚起する役割を担い、新たに利用されることをとても喜んでくださった。そういった活動が「ビッグバン」の中で目に見えてくるようになると、時折「こういったモノが余ってるんですが、いりませんか」という連絡が入るようになった。帽子製造会社、織物会社、パッケージ会社、あるいは、内職をやめたので材料一式など、さまざまな種類のモノが集まり始める。

実は子どもたちにとって、布という素材は扱いにくいモノのひとつだ。子ども用のハサミだと切りにくい厚さのモノもあるし、針と糸が使えなければ、接着剤で貼り合わせることになるが、その量の加減が難しい。沢山付いてしまうと乾くのに時間がかかる。何でもかんでも、グルーガン(接着剤)で、というのも考えものだ。バックヤードに巻きの布やさまざまなファッション系廃材がたまってくるにつれ、これらを使って子どもたちに本格的な服づくりをしてもらえたらと思い始めた。そのワークショップで協力を仰いだのが館の近くにある服飾専門学校だ。ワークショップでは校長先生をはじめプロの方々が、ミシンの使い方や、子どもの身体に合わせたパターン起こし、布を選んで縫い上げるまでをサポートしてくださった。子どもたちの家族も脇を固め、子どもたちはとうとう夢見た自分でデザインした服を縫い上げたのだった。それを着た彼らの誇らしい顔が忘れられない。

子どもたちは、自分の住む街にある仕事場から出てきた廃材をふんだんに使い、服というモノができ上がる一部始終を体験した。プロフェッショナルな大人たちにとっては、これまで学生を育てることはあっても、小さな子どもとつながることは皆無だったが、自分たちの技術や知識がこういった場でも大きな力を発揮することを発見した。さらには、自分たちの仕事の魅力を子どもたちに伝えることもできた。廃棄される運命にあった布やボタンや帽子が触媒となり、街のさまざまな技術を持った人たちと子どもたちとの間のコミュニケーションに、化学変化を生み出したのだ。このワークショップをきっかけにミシンを買ってもらった男の子もいた。あれから既に一三年たったが、彼は、今頃どうしているだろうか。

大量のボタンを、白、黒、メタル系、カラフル系など大まかに分けてストックし、リサイクル工房でのものづくりに役立てた。使いやすく、より魅力的に見えるように整理・ストックするのも腕の見せどころ。

同じ生地の色違いが束になっている。布屋さんでは見ることのないユニークな生地が揃っているのも刺激的だ。動物の毛皮のようなもの、ぼこぼこ穴が開いているもの、ビニールシートのようなもの、天使の羽のように軽くて透き通ったもの……。

ワークショップのゴールは、キッズデザイナー自らが服を着てランウェイを歩くファッションショー。

ソーシャルインクルージョンを生み出す交換と分配

エマウス　2000年2月・2001年6月・2005年7月

EMMAUS

世界中にある赤十字の組織が運営する救世軍はあまりにも有名だが、フランスには一九四九年にピエール神父によってつくられた「エマウス」がある。政治的・宗教的には中立的な立場をとる社会運動のための協会組織で、現在、フランスには一七〇ほどがある。この運動は他の国にも広がり、日本の初期エマウス運動では、文筆家の須賀敦子さんも熱心に活動されていたという。

筆者が最初に「エマウス」を訪れたのは二〇〇〇年冬のこと。パリ郊外ヌイイ=プレザンスの住宅街にある建物である。実は、ここは創設者ピエール神父の自宅だったところで、あまりに広いために、住む場所に困った人を受け入れていたらしい。家屋の回りには、本とレコードと衣服の倉庫、食器や燭台、オブジェなどの倉庫、家具専門の倉庫、おもちゃや手芸用品の倉庫などが建ち並び、一度入ったらなかなか出てこられないほど、大量にモノが集積していた。

どこの販売所にもアンティーク好きやクリエイターだけではなく、ごくごく一般の市民が、日用品を物色しに足しげく訪れる。新しく生活を始めようという人にとっての強力なパートナーだ。なにしろ衣服は三ユーロ〜、書籍やレコード、食器は一ユーロ〜、モノによっては一〇セント〜、ヴィンテージ家具でも一〇〇ユーロ以下と、限りなくお財布に優しい。さらに壊れかけた張子の指人形、手芸作家のアトリエに残っていたような膨大な量の糸やブレード類など、奇妙なモノが混じっているのも大きな魅力だ。つまり、単なる中古品販売所ではなく、自分なりに手を加えたくなる廃材的なモノが紛れているのが、おもしろさだ（なので、昨今多くの販売所がスペースに手を入れてきれいになり、モノが完璧に整理されて普通のショップのようになっていくのは、ちょっぴり残念だ）。

ひとくくりに「エマウス」と言っても、比較的こじんまりとしたショップもあれば、テーマ別に分かれている巨大倉庫の販売所もある。二〇一二年には一九区に、三六〇〇平米にもおよぶ旧市場をリノベーションした「エマウス・デフィ」がオープンした。現在パリには五千〜八千人のホームレスがいると言われている。「エマウス」では、そういった社会的弱者の社会復帰のための仕事として、寄付された不用品の仕分けや修繕を行っている。もちろん、彼らと一緒に働き、その活動全般を支えるボランティアの人々も多くいる。また、行政組織の他に、スーパーマーケットの「カルフール」や「ボディショップ」などの企業もパートナーとなり、今や大きな運動体として安定した発展を遂げている。最近は、単なる修繕にとどまらず、アップサイクルとして、彼ら自身の工夫でリメイクし

パリ19区の巨大な販売所、「エマウス・デフィ」。

た家具や小物も扱うようになっている。壊れた古い家具は修理され、カラフルにペイントを施されると、また新しい命を授かったように輝き始める。そういった、日々の手仕事で培う技術や、その仕事を評価する購入者が、彼らの社会復帰時の大きな自信となるのだ。

「エマウス」が目指すのは「各人が、各社会が、各国が、同等の尊厳の中で、交換と分配をしながら自己の目的を達成するよう行動する」ことだ。不用品の交換と分配が、幾重にも重なり合いながら繰り返されていく中で、そこに関わる人々の尊厳が回復し、担保されるようなシステムを、時間をかけてつくってきた。さらに、それだけでは飽き足らず、社会復帰のためのプログラムとして、フランスで生きていく人々のためのボランティアによるフランス語講座や、コンピュータのスキルを教えるワークショップなども行っている。二〇〇七年にピエール神父は亡くなったが、「交換と分配」のシステムは、今後の社会の重要な軸となるだろう。

日本初のミュージアム内廃材ショップ

沖縄こどもの国　ワンダーミュージアム　2004年3月

OKINAWA WONDER MUSEUM

世界でもいち早く環境問題を告発したことで知られるレイチェル・カーソン。名著『センス・オブ・ワンダー』は、時を隔てた今でも輝きを失っていない。舞台は一九六〇年代のアメリカ・メイン州の海辺や森だが、彼女が子どもたちに生涯持ち続けてほしいと願っていた、神秘や不思議に目を見張る感性「ワンダー」は、現代ではますます重要になっている。筆者は、その「ワンダー」を館名に付けた沖縄市の小さなチルドレンズミュージアムの開館にあたり、展示の企画、展示物のデザイン、オープン前のワークショップなどを行った。準備会議の中で提案したのが、先の「ビッグバン」では実現できなかった、日本初となる廃材のショップである。

廃材には「ワンダー」をかきたてる力がある。自然物ではないが、廃材を目にした子どもたちの目はキラキラしていて、何かを生み出す意欲が芽生えているのがわかるからだ。この小さなショップには、近隣のさまざまなところにスタッフがかけ合って集めた、カラフルな廃材が並んでいる。日々携わる業務に忙しいスタッフにとって、廃材集めはさらに労力が必要な仕事である。つまり、ここは彼らの情熱にも支えられている場所なのだ。

おもしろい工夫もある。ここでは入口のガチャポンで、入れ物となる袋「わじゃぶくろ」を購入する。ショップ専門のスタッフがいないため、購入希望者は自分で計算して袋詰めしていく。電卓も用意されている。駄菓子屋のような感覚で迷いながらモノを選び、袋に入れていくのは楽しいだろう。「買うこと」について館側から信頼され、任されているということに、特別な気持ちを抱く子どももいるに違いない。廃材だからタダでいくらでもご自由に、ではなく、廃材という「ワンダー」の種を大切に扱うこと、安い値段であっても自分の責任で判断して、おこづかいから代金を払うことによって、「ここに集めたこと」「これを使うこと」という行為（コト）の交換が意識されていく。

ケーブルホイールを使うなど、ショップのディスプレイにも廃材を活かしている。

廃棄と切り離せない排泄物

スラブ国際トイレ博物館 2005年12月

SULABH INTERNATIONAL MUSEUM OF TOILETS

四五〇〇年もの間、人は自分の目と鼻から、自らの排泄物を遠ざけてきた。聖人や美女と排泄のシーンを結びつけることはタブーでもあった。しかし、現実に目を向ければ、人類は一日あたり九億リットルの尿と、一億三五〇〇万キログラムもの便を排出している。

日本では当たり前のように使っているトイレだが、世界にはトイレのない生活をしている人が、実に二四億人もいるそうだ。インドのトイレ普及率は低く、多くの人は戸外で用を足す。各国にコンピュータの技術者を供給し、目覚しい発展を遂げるインドの、もうひとつの姿がここにある。さらに、夜明け前に家々を回り、排泄物の入った容器を回収・掃除する仕事を持つ最下層カーストの人々が六〇〜八〇万人いると言われている。家にトイレのない女性たちのトイレタイムは、日没後か日の出前。ひとりぼっちになるには危険な時間帯だ。古来より、ヒンズーの教えでは水場の近くでの排泄は禁じられてきた。おしっこの場合は一〇ハンズ(一ハンドは片腕の長さ)、ウンチは一〇〇ハンズ離れた場所で、というのが目安で、環境と衛生を守るための大切なルールなのだ。

「スラブ国際トイレ博物館」はスラブ・インターナショナルというNGOが、ニューデリーに一九九四年につくった。世界各国のトイレの歴史をたどるパネルや便器、トイレをテーマにしたグッズ、巨大な複合トイレ施設の模型などが、小さな展示室に並べられている。強い日差しの照りつける中庭には、彼らが提唱しているシンプルな構造のコンポストトイレがずらりと並んでいる。日本のメーカーのトイレのショールームとは対極の、素朴なたたずまいが印象的だ。このトイレは、インドのように排水システムの整っていない地域に向いている。排泄物はその排泄した場所で処理することが鉄則。離れたところへ運ぶにはコストがかかるからだ。「スラブ」のトイレは、一・五〜二リットルの水で処理が可能だ。ちなみに日本の最新の節水型水洗トイレでも一回約四リットルの水が使われているのだから優秀と言えよう。そのトイレを覗くと、便器の底面の傾斜角が急なことに気付く。少ない水できれいにウンチを流せるようにしてあるわけだ。この二ピット式のコンポストトイレ、ひとつの穴はおおよそ三年使える大きさだという。いっぱいになればせき止め、もう片方を使う。なんとわかりやすい！　たまったものは約一八カ月で分解され、病原体もいなくなり、肥料としての利用が可能となる。そのためには、糞尿と水など分解するもの以外は決して流さないことが大切だ。水と手でトイレタイムを仕上げる技を心得た、エコ意識の高いインドの民には特にフィットするトイレだろう。NGOでは、インドの風土とインフラの状況に照準をピタリと合わせたこのトイレを現在一〇〜一〇〇ドルで設置している。

デリー市では、このNGOに公共トイレの維持管理を事業委託し、管理人は掃除や利用者からの料金徴収、一回一ルピー（約二円）を行っている。清潔で利用率も高い有料公共トイレはインド国内で現在約七千カ所。乗降客の多い駅などではかなりの収入を上げているようだ。代表（現在は相談役）のヒンデシュワル・パタック氏は、一九七〇年にパトナの小さな村で活動を開始し、有料トイレを提案した。当時の人々は、彼の案は現実的ではないと笑い飛ばし、相手にしなかったという。しかしその後、プロジェクトは大成功をおさめ、現在も成長中だ。今では毎日一千万もの人々がこの「スラブ」のトイレを使っている。

　博物館のある敷地には、公道に面してトイレ・コンプレックスがつくられている。匂いもなく清潔で、脇には健康相談所も併設されていて、至れり尽くせりだ。また、トイレか

博物館の外観。

トイレシステムを説明してくれたパタック氏。

中庭に並ぶコンポストトイレ。

博物館のそばには学校と職業訓練校も併設されている。

ら発生するガスをコンロに利用したキッチンもあり、排泄と生活がこれほどまできれいに循環していくとは驚きだった。

アポは取っていたものの、お昼時をはさむ形での訪問となった筆者を、パタック氏はランチに誘ってくれた。NGOのスタッフは毎日一緒に、料理人がつくってくれた同じメニューを食べているそうだ。体に優しいインド式のおかゆや、ザクロのデザートなどは、滞在中に食べたものの中でも質素ながらとびきりおいしかったし、そんな日常のメニューひとつにも、彼らの思想が垣間見えた。

このNGOの思想はインド独立の父ガンジーの社会運動哲学がベースになっている。目標は虐げられたカーストから人々を解き放つこと。それとトイレの普及は、先に述べたように実に密接な関連がある。だが、普及は、これを生業としている人々から仕事を奪うことでもある。貧困・教育・雇用、これらの課題を解決しなければ、排泄にまつわる健康管理や環境保護も実現しないのだ。NGOでは、彼らや彼らの子どもたちが、社会で自らの力で生きていくための支援として、学校の運営にも力を入れている。博物館のすぐそばにある学校には三〇〇人近くの子どもたちが集まり、読み書きを習う。職業訓練校も併設されている。

社会運動とリンクし、実践を重ねるNGO。排泄のシステムを、環境に合わせて無理なくつくり上げているところに未来を感じた。排泄と廃棄、そして教育と仕事も含んだ循環。私たちが、自分の目と鼻から排泄物を遠ざけてきたことで、世の中の不平等を拡大させてきた側面があるのは否めない。そこに真正面から取り組む人々がいるのは心強いし、新しい社会に向けたひとつの方向性を示してくれていることに感謝したい。

訪れてちょうど6年後(2011年12月)に、このNGOから思いがけないカードが届いた。国連から表彰されたという喜びのメッセージと共に、国連ビルをバックに晴れやかな笑顔の写真が添えられていた。ちょうどその秋に、国連ビルで開催されていた『DESIGN WITH THE OTHER 90%:CITIES』(企画:スミソニアン/クーパーヒューイット国立デザイン博物館)という展示を見ていた。コミュニティの再生や問題解決にさまざまな人が知恵を絞っていることに感銘を受けた直後だったので、なおさら彼らの表彰の知らせはうれしかった。

『DESIGN WITH THE OTHER 90%:CITIES』は、書籍になっている。(155頁参照)

都市の廃棄物によるファンタジーワールド

ロック・ガーデン 2005年12月

ROCK GARDEN OF CHANDIGARH

二〇〇五年一二月のインドには、寒波が来て、凍死者も出るほどだった。そんな気温でも多くの人が、夜中の路上で、商売道具に体を横たえ、薄い布を掛けただけで寝ている。翌朝には、この中の誰かが死んでいるんじゃないかと心配になった。経済が発展して勢いのあるインドだが、暮らしの明暗がこのようにくっきりと見えるのは切ない。

目指すのは、デリーの北方二四〇キロにある、著名な建築家ル・コルビジエが都市計画をした街チャンディガール。シャタープディー特急の座席に身を沈めると、三時間で到着した。ホテルに荷物を預け、ル・コルビジエの設計した建築ではなく、今回の最大の目的地である「ロック・ガーデン」へと向かった。人力車と片道料金を交渉し、乗り込んでしばらくたった時、「ロック・ガーデン」までは延々と上り坂になっていることに気付いた。さっきあんなに値切らなくてもよかったなぁ……と、一生懸命ペダルを踏むオジサンの背中を見ながら後悔の念にさいなまれたのを、今でも思い出す。

一九七六年にオープンした「ロック・ガーデン」は、ネック・チャンド（一九二四年―）というひとりの男の見果てぬ夢を引き継ぎ、増殖し続ける、廃材でできた大庭園だ。広さは一六万平米にもおよぶ。彼は道路検査官として働いていたが、五〇年代にル・コルビジエの都市計画によっ

て取り壊されたチャンディガール旧市街の残骸や廃棄されたさまざまな素材を集めては、公有地の森の奥で、コツコツと秘密の庭園をつくり続けた。それが、七二年に発見され、大問題になる。なにしろその時、彼は既に一四年かけて二万平米もの庭園をつくり上げていたのだ。しかし、その完成度の高さや、度胆を抜かれるスケールの大きさに、役所は工事の継続を認め、五〇人もの人材も投入したという、いわくつきの場所なのだ。

ここで使われている廃材は、がいし、素焼きの壺、陶器の破片、ガラス瓶、インドらしい装飾品であるバングルなど多岐にわたる。またそれらを使って、おびただしい数の彫刻もつくられ、動物や人の群れが迷路のあちこちに出現するという、不思議な夢のような光景が繰り広げ

られている。これこそクリエイティブリユースの精神が息づく空間そのものだ。また、フォーク・アートやアウトサイダー・アートの領域でも論じられるべきものだろう。それまでの街の歴史や記憶をリセットし、ル・コルビジエという世界に名だたる建築家が都市計画により街をゼロから生み出そうとした時に、そこから排除された歴史や記憶の破片を山中に持ち込み、再構築してその命を未来につなぎ、さらに新たな世界観をつくり出した全くの素人がいたのだ。この両者の見事な対比は、私たちに、街とは何か、歴史とは何か、廃棄とはどういうことか、表現とは何かと、たたみかけるように問うてくる。

一九九七年には財団が設立され、今では世界中からボランティアを受け入れながら、この夢の庭園は工事を継続している。廃材の選別・洗浄・落書き消し・修復・彫像やモザイクの制作・草取りなど、ネック・チャンドが行ってきた手仕事を誰でも体験することができる。ボランティア・ハウスも同じようなテイストで整えられているのが微笑ましい。

クリエイティブリユースのデザインクオリティ

ラフィネス&トリステッセ　2007年11月

RAFINESSE & TRISTESSE

「ラフィネス&トリステッセ」のプロダクトに出会ったのは、二〇〇七年秋に開催された『100% Design』の会場だ。この年にはヨーロッパのデザイン見本市のひとつ、『ブリックファング』が、入口近くに堂々と会場を設けられ、ベルギー、オーストリア、スイス、チェコ、ドイツの五カ国の若いデザイナーが、力のある作品を沢山出していた。この見本市は、インテリア、ファッション、ジュエリーの三分野が対象で、会場で直接デザイナーからプロダクトを購入できるのが魅力のひとつである。買い手は、つくり手から制作にまつわる話を聞いたり、さらに踏み込んで今後の連携を模索することなども可能だった。またつくり手は、そのコミュニケーションの中から、プロダクトについての直接的で客観的な評価を得ることができる。この年の『ブリックファング』は、密度と質の高い印象的なプロダクトが揃っていた。

そんな会場の中ほどにて、キッチュなオーラをまとった、しかしながら手仕事による完璧な仕上がりを見せていたのが、カリン・イルマズ・エッガーとペトラ・シュルツがその年に立ち上げた「ラフィネス&トリステッセ」の、ブリキのスツールや子どものおままごと用キッチンだった。オリーブオイルの一斗缶に瓶のふた、ホーローのボウル、スパイスの空き缶、はてはオルゴールの部品や、時計の針などを再構築して、子どもたちのごっこ遊び用のミニキッチンや流しをつくっている。下がオーブンになっていたり、上に物入れがついていたり、洗い物用のスポンジや、オーブンミトン、キッチンクロスなどもそれぞれ色をコーディネートして、思い入れたっぷりの見事なデザインがなされている。細部の仕上げも丁寧だ。子どもならすぐさまおままごとを始めるだろう。大人であっても、見ていて実に楽しい。わざわざ廃材でつくらなくてもいい、というプロダクトではなく、廃材であるからこその必然性が、高いデザイン力によって構築されていることがよくわかる。

質の高いクリエイティブリユースのプロダクト収集に燃えていた筆者は、会場にいたカリンに、一番気に入ったグリーンのミニキッチンを購入したいと伝えた。また、クリエイティブリユースに興味を持ってあれこれ調べていることも話した。カリンは、グリーンのプロダクトはこのシリーズの記念すべき一作目で、パブリシティにも必ず使われているものだと教えてくれた。だったら無理だなぁと諦めかけた時、カリンは快諾し、そのミニキッチンにサインまで入れて譲ってくれたのだ。さらにもうひとつ、別バージョンまで付けて手渡してくれた。かくして筆者は大きな包みをふたつぶら下げて、イチョウの葉に埋まった外苑前の並木を、ウキウキと歩いて帰ることになった。

今や彼らのプロダクトは、スツール、缶の引き出しがついたベンチ、マグネットボード、ペー

©RAFINESSE & TRISTESSE

オリーブの一斗缶や、瓶のふたなどをリユースしたおままごとのおもちゃやスツール。
©RAFINESSE & TRISTESSE

パーロールホルダー、コートラックなど次々とバリエーションを増やしている。素材集めはとても大変とのことで、知り合いのネットワークをフルに活用して、スイスに隣接しているさまざまな国からもイメージに合う缶を集めている。二〇〇八年からはベルンにある薬物中毒の人々のための作業プログラムや、ベルリンの障害者の作業所での新たなプロダクト開発など、いくつかの社会的プログラムとの連携も行っている。カラフルな素材の組み合わせや、意外な活かし方は、生産に関わる人の心を開き、楽しくハッピーにしていくだろう。

分解から見えてくるものづくり

遊美工房　つくりっこ 2008年9月

YUMI KOBO TUKURIKKO

倉敷の西の端に江戸時代より北前船や高瀬舟の寄港でおおいに賑わった港町、玉島がある（245・274頁参照）。今では人通りも少なく、ひっそりと静かなこの街には、沢山の歴史ある建物が残されている。古い廻船問屋を再生した文化施設「遊美工房」の向かいには、同じオーナーが運営する工房「玉鱗」もある。筆者が、長いお付き合いのあるここのオーナーから子どものワークショップについてのアドバイスを求められた時、廃材をストックして活動してはどうかと提案し、企画・実施したのが自転車を分解して音具をつくるワークショップである。

材料は使わなくなった古い自転車二台。それを子どもたちは専門的な工具を使いこなしながら分解する。つくるのとは正反対のバラバラにしていく作業に、小さな子どもも飽きることなくのめり込む。いくらなんでも作業は無理だろうと思っていた五歳の女の子も、しっかりとドライバーを手に、ネジをゆるめている。子どもは遊びの天才だ。分解した部品をさらにオモチャに見立てて遊んだりもする。外した自転車のタイヤはフラフープとして人気だった。あまりうまく回らないけれど、それでもやってみたく

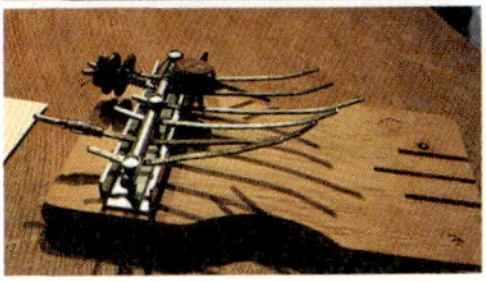

なる。何度も何度も挑戦する小さな後ろ姿のかわいかったこと！「自転車ってよくつくってあるねー。スゴイなー」という声も。

分解した自転車のスポークは、カリンバの指で弾く部分に使うことに。そのためには、叩いて平たく加工しなければならない。アーティスト秋山高英さんはまず柔らかいアルミの金属棒を取り出し、玄翁《げんのう》で何度か叩き、その棒の温度を子どもに確かめるよう促した。「え〜っ、なんでなんで？　熱いよー」と、びっくりの子どもたち。金属は叩くと熱を発する。金属は不思議だ。鉄のスポークはアルミよりもうんと固く、もっと熱くなるので気を付けるようアドバイスを受けた子どもたちは、神妙な顔つきでトンテンカンテンと続ける。

「分解する」と、「つくる」ことが見えてくる。つまり、分解しないとつくることは見えてこない。モノを分解して修理する光景が生活の中から消えて久しい。不具合が出ると簡単に捨てられて、新しいモノと入れ替わる。私たちは中身を見る機会のない時代に生きているのだ。

誰も飽きることなく作業していたので、ちょっと休憩に遊びの時間を設けたが、逆にエキサイトしてしまったのは、アーティストが密かに準備していた自転車スピーカーのせいだ。自転車のライト用の発電機を外してスピーカーにつなぎ、車輪の回転でサイレンのような音をウゥーウゥーと鳴らすという代物。彼は一対のスピーカーの他に、もう一対振動板も用意する念の入れよう。子どもたちは振動板に廃材の釘や貝殻も載せて、カチャカチャという伴奏も楽しんだ。自転車を漕ぐ子、発電機を車輪に接触させる子、振動板に何かを載せてみる子。初めて出会った同士が完璧な協力体制！　ユーモアいっぱいの機械にニヤニヤしているうちに、あっという間に休憩が終了した。

カリンバ用の板の大きさに合わせてカットしたスポークを、いよいよ木の台に固定する。めでたく仕上がり、「ぽろん」「ぽよよ〜ん」と、あちこちで音が鳴り始めた。最後は遊美工房のホールに移動して、アフリカ太鼓奏者のＺｅｎさんとセッション。木床の上に直置きしたマリンバを弾きながら、床下方向に耳をそばだて、「ねえねえ、ここからも音が聞こえるよー♪」という子どもや真似する子ども。廃棄された二台のおんぼろ自転車が豊かな時間をプレゼントしてくれた。

福祉作業所で花開いた自転車の再生アート

泉の家　2008年9月

IZUMINOIE

かつて東京・世田谷区岡本の住宅地にある「泉の家」という福祉作業所の外壁には、不思議な金属のオブジェが誇らしげに飾ってあり、道行く人の目を引いていた（その後改修工事を経て撤去された）。それらはモダンで、独特の世界観を醸し出していた。よく見ると素材はすべて自転車の部品でできている。ギアやチェーンや反射板がリズミカルに配置されていて、その限られた色目も好ましかった。

施設の方に話を伺うと、ここに通所している平田政則さんの作品とのこと。平田さんは日々の仕事として、そこで区の放置自転車の整備を担当していた。作業する中で廃棄しなければならない部品が沢山出てくることから、その活用として空き時間にアートオブジェの制作を始めたそうだ。平田さんは若い頃に鉄骨の組み立てや成型を手掛けていたこともあり、機械を使って鉄の切断や溶接も自在にこなす技術を持っていた。

「泉の家」はアートに力を入れている福祉作業所で、住民にも地域に開かれた活動がよく知られている。そういったことから、一般の作業所ではなかなか実現できない金属の加工も可能となり、平田さんは廃棄される寸前のギア、ベアリング、チェーン、リム、ライトカバーなど、それぞれの形態や色を活かして、これまで見たこともない不思議にカッコいい作品を次々と生み出してきたのだ。

残念なことに平田さんは亡くなられてしまったが、クリエイティブリユースの精神を見事に体現した作品群から教えられることは多い。日々、生きる喜びのためにつくること、工夫する楽しさ、手の技術の大切さ。ミヒャル・エンデはヨーゼフ・ボイスとの対談『芸術と政治をめぐる対話』（岩波書店、一九九二年）の中で、「創造的であるということは、要するに、人間的であるということにほかならない」と語っている。クリエイティブリユースによって暮らしに取り戻す「イメージすること」や「つくる行為」は、人として生きる喜びそのものだ。平田さんが日々の仕事の中で行った創造活動は、彼が人間的に生きた証ではないだろうか。

教師がつくったクリエイティブリユースの拠点

リバース・ガービッジ・シドニーとM.A.D. 2008年3月

REVERSE GARBAGE SYDNEY & M. A. D.

振り返ってみると、筆者のクリエイティブリユースの活動を訪ねる旅が加速したのは、ここを訪れてからだ。イタリアのレッジョ・エミリアの「レミダ」(62頁)の活動を、オーストラリアのパースでも行っていることがわかり(57頁)、出かける気になったのが発端である。せっかくなので、他にも同じような活動をしているところを訪ねようと調べてみると、さまざまな団体が存在することもわかった。どうやらオーストラリアの環境への取り組みの歴史は長いようだ。

シドニーの西郊外へ。中央駅から電車に乗って、四つ目のスタンモアで降り、大学のキャンパスをぐるりと回り込む。丁寧に手入れされた住宅が並ぶ先に、「リバース・ガービッジ・シドニー」が見えてくる。広場を囲むようにコミュニティギャラリーや小さな劇場も建ち並んでいる。その中で異彩を放っているのが、このNPOのヒッピー的な自由さに溢れる倉庫だ。時折トラックが横付けされ、収集してきた廃材をおろしている。ここはオーストラリアで一番大きなクリエイティブリユースの拠点である。中に入ると、ありとあらゆるモノがストックされ積み上げられていて、その迫力に驚く。

発足は一九七四年。教師たちが三万五千ドルの交付金を受け取って非営利の活動を始めたことに端を発している。彼らは、早くから人々の想像力と創造力の開発によって環境に与える負荷を減らそうと考えていたのだ。さらに七五年には、廃材を教師や学校、地域の団体などへ販売し始め、拠点がコミュニティセンターの中に設けられた。その三年後にはさらに大きな現在の倉庫に移転することになった。八二年には、遠隔地の学校などへの通信販売もスタートし、順調な歩みを続ける。九〇年代には収集のためのトラックや運転手の雇用、創造的で包括的なコミュニティづくりのコンサルティングやワークショップ・プログラムの開発など、彼らが長年にわたり蓄積してきたノウハウは、さまざまな形で花開き、今では公的なイベントやお祭りにも廃材が活かされるようになっている。

特筆すべき点は、専属のショップを運営していることだ。それは中央駅方面にひとつ戻った、ニュータウン駅そばのおしゃれな通りにある。「M.A.D.」(make a difference)という意味を込めたサステナブルアートとデザインのショップだ。路面店ということもあり、次々とお客さんがやって来る。ここで扱うのはもちろんクリエイティブリユースのプロダクトである。倉庫に積み上げられていた素材が、華麗に変身して魅力的な商品になっている。自転車のタイヤチューブなどを使ったバッグや、「E-waste」(電子廃棄物)と呼ばれるコンピュータの部品などを使った照明器具やアクセサリーも素敵だ。クリエイティブリユースを単なる趣味にとどまらせるのではなく、このようにショップで扱い、流通に乗せる努力をしている点が他とは異なると

「リバース・ガービッジ・シドニー」。商店や工場や家庭から出てきたキーホルダーや、パレード用の旗、パソコン類、紙、ペンキや絵の具、レンガ、おもちゃ、端切れ、マネキン、事務用品などが並ぶ。アーティストや、日曜大工で家を整えようとしている人、手づくり大好きな主婦、子どもで賑わい、それぞれ素材を手に取ってはイメージを膨らませている。

ころだ。取り扱うのは地域に住まう持続可能なデザインを行っているアーティストやデザイナーの作品である。こうした努力は、やがてはコミュニティの活性化や魅力づくりにつながっていく。幾重にも循環する創造的地産地消が頼もしい。

ショップ「M. A. D.」。アップサイクルのプロダクトを買いに来ているうちに、自分でつくってみたくなる人も多いだろう。アイデアや技術に敬意を表しつつ、いつでもつくり手側に回れるという自由度が人々の心を掴む。

地域を超えた活動を目指す

リバース・ガービッジ・ブリスベン 2008年3月

REVERSE GARBAGE BRISBANE

ブリスベンはシドニーの北方約九五〇キロに位置する。南のゴールドコーストと北のサンシャインコーストに挟まれたモートン湾の入り江深くにたたずむこの川の街は、クイーンズランド州の州都でもある。蛇行した川には水上バスが行き交い、陸路と水路両方が発達している。川の南岸にあるクイーンズランド文化センターには、美術館や博物館、図書館などが入っていて、質の高い意欲的な展示を行っている。アンディ・ウオーホルの大回顧展では美術館内のチルドレンズ・アートセンターに銀色の風船が舞い上がる「シルバーファクトリー」が設けられたり、図書館にはチルドレンズミュージアムのような斬新な体験コーナーが併設されていたりと、子どもたちの教育にも力を入れており、そういった文化度の高さが街のいたるところに感じられる。カフェにぶら下げられたシャンデリアが、バービー人形の頭部をリユースしたものだったりするのも、この街らしい。

文化センターを南に下ると穏やかな住宅街が広がる。その中にあるのがシドニーと同じ「リバース・ガービッジ」だ。こちらの設立は一九九八年と比較的新しい。運営はNPOが行っている。ストリートアート風の迫力ある看板が目印だが、建物の脇には廃自転車が沢

山集められ、他ではあまり行われていない自転車の再生にも力を入れていることがわかる。クリエイティブリユースの文化が育っている街は、どこもエコシティらしく、自転車に乗る人が多い。自転車道が整備され、無料で修理できる施設がある。最近では、自治体がそういった公的なサービスとしてのシティサイクル事業の導入を始めており、街角にはお揃いの自転車が誇らしげにずらりと並んでいる（二〇一一年までにブリスベン市内には一五〇カ所ものシティサイクル駅が整備された）。

スタッフは現在一一人。仕事は財務、事業開発、現場のコーディネート、ボランティアのコーディネート、広報、営業、トラックの運転担当、通販のコーディネート、ワークショップファシリテートなど、多岐にわたりそれぞれを分担してあたっている。訪れた際には、ちょうど高校からの団体見学が入っていて、スタッフが生徒たちに組織や環境に関する話をしていた。また、倉庫の一隅にはギフトショップの棚が設えられていて、地元の工芸家やデザイナーによる作品（ほとんどはリユースまたはリサイクルの素材を使ったもの）が販売されている。さらにウェブサイトで販売も行っていて、ちょっとしたプレゼントに良さそうなモノが紹介されている。

ここでは、オーストラリア国内全土を対象として、廃材の通信販売も行っている。学校や幼稚園のためには大型のダンボール箱に材料をミックスして送付するなど、提供の仕方をニーズに合わせてきめ細かく工夫している。先生たちはウェブサイトにアップされているワークショップのテーマを選び、それを実施するための廃材のセットを注文できる。生徒の人数や内容を通販のコーディネーターに伝えると、それを受けて、今度はコーディネーター側からさまざまな材料やプログラムの提案がなされることもある。一方的なものではなく、しかも安くて環境に負荷のかからないやり取りは、忙しい教育現場の先生たちにとってありがたい。教材カタログに出ているキット商品の味気なさとは違い、廃材が詰まった段ボール箱を開ける時のワクワク感は、いかばかりかと思う。これらと同じものを探すには手間もかかり過ぎる上、予算もはるかにオーバーしてしまうだろう。この箱の向こうに、子どもと同じように目をキラキラさせた先生の顔が見えてくるようだ。自分の街にはないタイプの廃材が入っていたりするのもちょっと楽しいだろう。これは何なのだろう？　という謎解きもおもしろいのが廃材だ。

トラックでの廃材収集は定期・不定期両方可能で、引き取りは無料。ウェブサイトには収集できない廃材が細かくリストアップされている。たとえばベッドとマットレスなどの寝具類、ピアノ、大型家電、ＭＤＦ（中密度繊維板）と合板、アルミニウムの窓、自家製カセットやビデオテープ、ぬいぐるみ、百科事典、使用済みのレジ袋や紙のショッピングバッグなど。衛生面や環境面に問題があったり、解体に専門的な技術がいるモノは対象から外されている。

廃材が入荷すると、ウェブサイトに写真が次々とアップされる。ちょっとおもしろいモノを拾ってみよう。石膏の歯、ぬいぐるみ用の目、木のタボ、羊の毛皮、Ｐタイル、ボトルのふた、

手づくり感満載の内装は、ゆるくて和む。
身の丈に合ったクリエイティブリユースが、その
地域に根付いているのを感じることができる。

壁紙のサンプル、キルトのワタ、ナイロンネット、ジッパー……。週末をどう過ごすか思案中であれば、この廃材のリストはとても魅力的だ。そこからイメージを膨らませる人もいるだろう。

　このように、自分の街の廃材が、自分の生活の中でもう一度花咲くこともうれしいが、どこか遠くの街で見知らぬ人の生活の中で花開くのもステキだ。

注：二〇一一年一月に建物のリース期間が終了したことから、ウエストエンドからウーロンガバに倉庫を移転している。

レッジョ・エミリアの教育思想を受け継ぐ活動体

クリエイティブリユース・センター・レミダ 2008年3月

CREATIVE REUSE CENTRE REMIDA

パースから郊外へ三駅目のワーウィック駅を目指す。そして本数の少ないバスに乗り継ぐ。降り立ったのは、絵に描いたような閑静な住宅街のど真ん中。ゆるやかにカーブした道に沿ってプール付きの家がずらりと並ぶ。片側は塀に囲まれた大学の敷地があり、その中に「クリエイティブリユース・センター・レミダ」がある。実は、この大学は統廃合されて使われていないが、周囲は低木林地の保全地域となっている。日本の花屋さんではたまにしか見かけないピンクッションやバンクシア、ボトルブラッシュなどが普通に咲いていた。ここから西には、オーストラリアでも有数のワイルドフラワー天国が広がっているのだ。

「クリエイティブリユース・センター・レミダ」は、元大学の広々とした図書館を使い、素材の分類、ストック、展示、ワークショップなどを行っている。名前

空間を存分に使った素材の分類でとても探しやすい。老いも若きも手を動かすことを楽しむ。

から、ここがイタリアのレッジョ・エミリアにあるクリエイティブリユースの組織「レミダ」（62頁）の精神やノウハウを受け継いでいることがわかる。正門のそばの塀にはレミダのサインがあった。人気のない構内をさらに進むと、それらしき旗の掛かった建物が見えてきた。エントランスドアを押してみると閉まっているが、アポを取っているので大丈夫なはず。筆者の後から親子連れが一組、車でやって来た。三人で一緒にのんびりとスタッフの到着を待っていると、若い女性が車でやって来た。どうやらバスを使って訪れるもの好きはいないらしい。

　案内されて中に入ると、さすが大学の図書館だけあって広い。大小さまざまな部屋やホールもある。そのゆったりとした空間に、廃材がきれいに仕分けられて並べてある。レッジョ・エミリアの幼児学校のプログラムを意識した素材のセレクトや、場の整え方が印象的だ。ストックヤードには、小学校の教師三人連れが授業に使える素材を探しに来ていた。素材を見ながら仲間と授業のアイデアを練るのは楽しいだろうし、何より無料だ。キット化した教材を使い、あらかじめ想定されたストーリーで教える授業と、地域の廃材を使って工夫しながら教える授業では、子どもたちの体や頭へのしみ込みが違ってきそうだ。彼女たちの楽しそうな表情を見て、こういった場所を訪れること自体が教師自身のリフレッシュにもなるだろうとも思った。

ここは五名のパートタイムスタッフによって運営されている非営利組織だ。オープンは週三日。いずれも午後の限られた時間だ。もちろん多くのボランティアたちにも支えられている。廃材の仕分け、広報、ワークショップやイベントの手伝いなど、彼らのサポートなしでは運営できない。ボランティアの人たちにとって活動に参加する目的は、仲間づくりであったり、自分の文化的な興味を満たしたり、持っているスキルをコミュニティで役立てることだと思うが、創造的な環境の中で、新しく入ってきた廃材を試したり、スタッフや仲間とおしゃべりしながら、飲み物やクッキーを味わうこともそのひとつだろう。楽しく続けることが大切だ。

筆者も参加したワークショップには、年齢の幅もまちまちの親子連れや大人が集まり、ストックヤードで素材を物色した後、パペットづくりを楽しんだ。廃材には加工が難しい素材もあるが、ワークショップスペースにはそれを見越した工具が揃っている。スタッフがひとりひとりに対し、とても丁寧にサポートしていたのも印象に残っている。夢中で手を動かす特別な時間。特に何のレシピもプログラムもなく、各々が自分が見つけた材料で好きにつくる、ゆったりとした自由さが新鮮だった。筆者は、この地ならではの廃材と、自分でつくったパペットを持ってここを後にした。もちろん帰りも本数の少ないバスを待ち、電車に乗って。

注：他のクリエイティブリユースの組織と同じく、発展的な移転をし、現在はパース駅北西の徒歩二〇分程度の便利な場所へと移った。

都市型農業は廃棄物の有効利用から

シティ・ファーム・パース　2008年3月
CITY FARM PARTH

パースから二駅目のクレイズブルック駅前には、カラフルなグラフティが異彩を放つ建物がある。そのたたずまいから、アーティストのシェア・スタジオかライブハウスなのではないかと思わせるが、実は保育園も併設された都市型パーマカルチャー（持続可能な農業・文化）センターだ。活動は大変注目されており、日本から研修を受けに行く若者もいる。

大きな倉庫では、土曜日の午前中にファーマーズマーケットが開かれる。地元のバイオダイナミックや有機栽培農家が新鮮な野菜や果物を持ち寄る。どれも新鮮この上ない。また、加工品として有機オリーブオイル、有機卵、ホルモンフリーの肉や乳製品、オーガニックな石鹸や衣料なども揃う。多くの人が一週間待ちきれなかったという表情で、ブドウの味見をしたり、生産者とおしゃべりしながら沢山の買い物をしていたのが印象的だった。カフェも充実していて、体に優しい朝食やランチをとることができる。もちろん飲み物もオーガニックなコーヒー、搾りたてのスイカやネーブルのジュースなどと徹底している。センター内には廃材を有効利用した庭やユニークな彫刻、ピザ釜、水に触ったり水音を楽しめる「感覚の庭」などさまざまなものが点在している。ここで採れる食材を使ったクッキング講座、障害者団体と連携したアートワーク、地元の子どもたちのための持続可能な都市型農業に関するツアーとワークショップ（四～

ド派手な倉庫の中で市場が開かれる。

一〇歳コースと一〇歳以上コースに分かれ体験学習によって、都市における食のサイクルを学ぶ）、コンサートや展覧会などを通じて地元の音楽と芸術のコミュニティをサポートするなど、多岐にわたるプログラムを展開している。

豊かな緑が広がる庭では放し飼いの鶏が思い思いに餌をついばんでいる。そんな平和な光景は、まるで長きにわたって続いてきたように見えるが、設立される一九九四年以前、当エリアは金属スクラップヤードとバッテリーリサイクル工場だったと聞いて、驚いた。劣化した土地をよみがえらせるために、ずいぶんと人手と年月が費やされてきたのだ。廃棄された工場の再生が、都市型パーマカルチャーを推進する運動の中で、土質の改良と共に行われているのが実に興味深い。

二〇一三年からはパース市の一一～一二歳の生徒たちの職業教育訓練としてここのメンテナンスなどを体験してもらい、修了証明書を発行し始めている。培ったノウハウを意識的に次世代へと継承しようとしている姿勢も頼もしい。

幼児教育を支えるリユース素材

レミダ　クリエイティブ・リサイクリング・センター　2008年6月

REMIDA THE CREATIVE RECYCLING CENTER

レッジョ・エミリア市は北イタリアのエミリア・ロマーニャ州にあるこぢんまりとした美しい城郭都市だ。その鉄道駅の通り抜け通路や線路沿いの塀には、子どもたちが廃材を組み合わせた自転車のフォトコラージュが大きく展示されている。作品には子どもたちのデータやプロジェクトの説明も添えられている。廃材も子どもたちの手によって、まるで魔法のように変身する。その豊かな表現を横目に見つつ歩く。実はここは四〇年にもわたって培ってきた、アートを中心にした幼児教育文化が実り、今や世界中から注目される街なのだ。視察や研修で訪れる人も多く、多くの国でこのレッジョのメソッドを取り入れた教育が試みられている。

レッジョが教育に目覚めたのは、第二次世界大戦が終わった頃に遡る。荒廃しきった自分たちの街を立て直すためにはまず幼児教育からだと、労働者である市民たちが率先して戦車を売り、資金をつくり、子どもたちの教育の場を確保したのだ。行政側も市民の要求に応える形で、引き続き幼児学校を増やしていった。当時、市の教育主事であったローリス・マラグッツィは幼児教育の哲学の確立と実践に大きな影響を与え、レッジョ・エミリア市の幼児学校では、教育学者（ペダゴジスタと呼ばれている）と芸術専門の教師（アトリエリスタと呼ばれている）が、保育担当者とチームを組んで子どもたちの教育にあたるという独自のシステムをつくり上げた。幼児学校の美しい空間、そして慣れ親しんだ街という舞台の中で、子どもたちはさまざまな素材に触れ、街の人々と交流し、仲間たちと対話しながら豊かな表現を身に付けていく。子どもたちの自発性にゆだねられた丁寧なプログラムと、それを支える多方向からのサポートのあり方が、今日の世界中のアート教育や幼児教育に与えた影響は大きい。

そして一九九六年、レッジョ・エミリア市の学校・幼児局のディレクターのひとりであるセルジョ・スパッジャーリの提案にもとづき、工場や会社から出てくる廃棄物をストックして子どもたちや市民の創作活動に提供する組織がつくられた。これが「レミダ」である。

アトリエリスタを退職したスタッフは、さまざまな廃材が幼児教育現場でどのように活かされるかを熟知しており、その経験値にもとづいた取捨選択と収集分類を行っている。創造的な教育を支えるモノとヒトの連携が見事に成り立っている。「レミダ」の場合は、世界各地にあるクリエイティブリユースのセンターが扱っているような家庭の廃材は扱わず、工場や企業からの収集に限っている。なぜなら、同じ種類の素材が安定的に大量に供給でき、分類の手間も大幅に軽減できるからだ。

とはいえ、じっと待っているだけでは廃材は手に入らない。スタッフは毎日いろんな企業や工場に電話をかけ、廃材のリサーチに余念がない。「電話すると、提供できるようなおもしろい素材はうちにはないねーって、必ず言われるわよ。でも、それでも現場に押しかけると、あるのよ。これは包装フィルムの端をカットしたもの。現場ではスパゲッティと呼ばれてるわ。ね、ステキでしょ。相手は、これがほしいの？　って不思議そうよ！」と笑っていた。「スパゲッティ」は印刷のための印やカラフルな線がついた透明なテープだが、子どもたちが喜びそうな素材だ。大量にあればふかふかのソファにもなりそうだ。「レミダ」の素材仕分けやストックの仕方には工夫が見られる。店舗用の仕分け容器を使って小さなパーツを入れる収納としたり、同じ色のモノを集めつつ、それを活用してつくったモノもその脇に展示したり、廃材の魅力を引き出す努力を惜しまない。

レッジョの教育が世界中に広まるにつれ、この「レミダ」の活動も国内はもとより、世界のあちこちに飛び火し続けている。廃材を提供する企業を探し、それらを収集・分類・整理し、各教育機関や美術大学は言うにおよばず、地域の障害者施設や介護施設にもつないでいく。その廃材を上手に教育の中に組み込む幼児学校、プロダクト制作

子どもたちによる廃材のコラージュ。

にチャレンジする大学生、でき上がった作品に展示スペースを提供する街の店舗、暖かく見守る街の人々……。そういった創造的な教育の循環を下支えしているのが地域の工場や企業から出てくる廃材である。

「レミダ」では年に一度、「レミダ・デイ」という催しを行っている。二〇〇八年五月には、改築途中であったレッジョ・エミリアの教育の中心とも言えるローリス・マラグッツィ・インターナショナル・センターでも展示やデモンストレーションが行われ、隣接する広い駐車場では市民や企業によるフリーマーケットが開かれ、廃材も展示された。新聞紙を重ねたベンチや、ボールのように大きく丸めてゴムでくくった椅

子もユニークだ。異素材のシートを綴じた触る絵本は、ここがブルーノ・ムナーリの国だということを再確認させる。ケーブルホイールを積み上げた中古本の交換所も楽しい。子どもたちの手によるくじ引きは、自分には必要ない小物を端切れやリボンできれいにラッピングして提供するものだったり、それぞれが、それぞれの方法で廃材や不用品の活用を試みていた。

右：主に2000～03年の記録である『REMIDA Day』がレッジョ・チルドレンより2005年に出版されている。街を縦横に使いながら、多くの人々が廃材の美しさに目を見張り、クリエイティブリユースの楽しさに目覚める様子が、美しい写真と共に紹介されている。
左：参考図書、佐藤学監修『驚くべき学びの世界~レッジョ・エミリアの幼児教育~』(ACCESS、2011年)。

反消費主義をセンスよく楽しむ

スクラップ 2008年6月に2回・2011年11月

SCRAP(School & Community Reuse Action Project)

アメリカのオレゴン州ポートランドの路面電車MAXの駅からバスに乗り換えてたどり着いたのが、「スクラップ」だ。ここを訪れるのは既に三回目。はじめの二回はノース・ウイリアムズ・アベニューに面したド派手なグラフィックが人目を引く建物だったが、その三年後に再訪した時はマーティン・ルーサー・キング・ジュニア通りに拡大移転し、外観はおとなしくなっていた。

活動体の名前でもある「スクラップ」は、「屑」という意味だが、もうひとつ「学校とコミュニティにおける再利用運動プロジェクト」という意味も隠されている。ここはオフィスや店舗からだけでなく、家庭から持ち込まれた廃材を、種類別に仕分けし、きちんとストックし、低価格で販売するNPOだ。平日でも休日でも、素材探しに余念のない家族連れや、Makerらしい若い人たちで賑わっている。ここでは、扱う廃材が多岐にわたるため、寄付に関してのポリシーは徹底してアナウンスされている。紙類、布や手芸用品、絵画材料、マットや額、表示関係の素材、建築やデザイン分野のサンプル、事務用品、CDやフィルム、スライド、レコード、オーバーヘッドプロジェクター、金属、木材、テニスボールやトロフィー、ギフトバッグ、レンズ……と、受け入れの可能性のあるモノは仲間ごとにカテゴライズされ、可否が明記されている。受け入れられないモノとしては、家具、コンピュータ、タッパーウェア、スタイロフォーム、植木鉢、ツイストタイ、衣類、寝具、トイレットペーパー、卵パック、おもちゃ。スペースをとり過ぎるもの、環境に負荷を与えるもの、衛生面の心配からなど、理由はさまざまだが、なるほどとうなづけるリストアップだ。

二度目の訪問は、ワークショップへの参加が目的であった。時間に出向くと、店内の壁際にワークショップスペースが設けられていて、両腕にタトゥーが入ったアーティストの講師が、蝋を湯煎で溶かしていた。参加者は全部で五人。互いに名前だけ紹介し、気楽な感じでスタートした。その日のプログラムは、日本では珍しい、蜜蝋を使ったコラージュで、筆者には発見が多かった。まずは、各自倉庫の中を回って、ベースにする木のボードや木片を選び、さらにコラージュ用のパーツを探す。布、ボタン、

古い図鑑、リボン、新聞など、貼り付けてみたいモノを手に参加者が作業机に戻ってくる。さまざまな色付きの蜜蠟を筆に取り、それが冷えて固まる前にベースとなる木部に塗っていく。色は調整できるが、溶けた時の蝋の色と、冷え固まった時の蝋の色が違うので、その加減がなかなか難しい。あまりパーツを使わず、蝋を厚く塗り重ねながら、それを削ったりして表面の質感で表現する人、古い図鑑のページからノスタルジックな線画を切り抜いておもしろい風景を構成する人など、とても個性的な作品がどんどんできていく。私は、布やボタンを蝋に埋めながら構成していったが、手を動かしながら、一九五〇～六〇年代の現代美術には、蜜蠟で固めた作品があったことを思い浮かべていた。なるほど、彼らはこんな匂いの中で、ジャンクを

素材に制作していたのかと、感じるところが多かった。

そして、一番驚いたのは、ワークショップ参加者の「ソーゾーリョク」がおしなべて高いことだった。大量消費の代表国アメリカに自分で考え、手を使ってつくるということがしっかりできている人たちが当たり前にいることに衝撃を受けたのだ。また、特に説明もプログラムもないようなゆるいワークショップに参加して、楽しくものづくりに没頭する豊かさ。参加料は払うものの、素材は無料で使い放題だ。彼らのこの手の力は、日頃こういった素材をふんだんに使いながら、工夫を重ねることで強化されているに違いない。

これは、反消費主義が育むソーゾーリョクなのではないだろうか。ホームセンターや百均ショップで商品の素材を買うのではなく、コミュニティ全体で廃材をシェアして、お金をかけないものづくりは、とても深い意味がある。環境にも優しく、アートやデザインの力でクオリティを高める楽しさもあるわけだ。

移転先には、倉庫以外にギャラリー、クリエイティブリユースの作品を扱うショップ、ワークショップスペースなどが設けられていて、充実度が増していた。少しずつ、少しずつ大きくしていく地道な活動の継続に力強さを感じた。

建築も徹底的に再利用

リビルディング・センター 2008年6月

THE REBUILDING CENTER

ポートランドは、アメリカの東部から移住する人が増えている人気の街である。二〇〇八年には全米で最も環境にやさしい街に選ばれ、自転車通勤する人口が最も多く、カーシェアリングも普及している。市の中心部の公共交通は無料。自転車を積めるトラムやバスが発達している。また、住宅地と農地を近接させて、ローカルな自給の循環型農業が推進されていて、市内のファーマーズマーケットでは、オーガニックな農産物が揃う。ここはアメリカで唯一、直接民主制の地域政府による街でもある。おのずと市民運動も活発で、クリエイティブリユース関連のNPOも複数存在する。「服を買うならまずリサイクルショップに出向き、事務所を開くなら古い建物をリノベーション」というように自分で何かを生み出す楽しさを知る人が多く暮らす街である。ミニコミなどの出版活動も活発だ。また、全米一の大きさを誇る独立系書店「パウエルズ・ブックス」は、まるで公立の図書館のように完璧なジャンル分けがされ、新刊と中古を並列するユニークな本屋さんだ（82頁）。

そんな都市ならではの、ユニークなクリエイティブリユースの組織が「リビルディング・センター」だ。ここで扱っているのは大変な大物ばかりで、建物の建材、部材、什器類、設備類、塗料などである。拠点となる巨大な倉庫の前には、どれだけ積めるのだろうというくらい大きな専用トラックが横付けされていた。現在三〇人近いスタッフと二千人の登録ボランティアが

右：廃材である窓のコラージュによってつくられた外壁。
上：購入したものを自分の車に積み込む人で賑わう正面玄関。

運営に携わっている。

　プロジェクトが立ち上がったのは一九九六年。二年後にセンターが開設され、二〇〇〇年に現在の場所に移転。二〇〇五年には倉庫も拡張した。このＮＰＯは、非営利団体のためのビジネス賞や、オレゴン州の企業家賞も受賞している。驚くほど広い倉庫には、そこに集められたモノにちなみ、たとえばバスタブが置かれた場所には「バスルーム通り」という標識がぶら下げられ、目印になっている。アメリカの住宅によく見られる白くペンキを塗った窓が大小うまく組み合わされて、ここの巨大倉庫の窓そのものにもなっているが、その美しさと味わいは、廃材にしか生み出せない出色のでき映えで、アイデアに感動した。

　住民が申し出れば、増改築などの際に出る不要な建具や什器を専用トラックで引き取りに来てもらえるのはもちろんのこと、建物の解体作業もこのＮＰＯに依頼できる。ピックアップは無料である。解体の際は、全体の九割もの素材が再利用

できるようになる。それを聞くと、短いサイクルで建築・解体・廃棄を繰り返す日本の住宅が非常に特異で不経済なものに思えてくる。さらに、日本の最近の建材では再活用できる部品や部材があるかどうかも怪しい。

ここは平日でも自分の家や会社の新築、あるいはリノベーションにぴったりなモノはないか真剣に探す人で賑わっている。ウェブサイトも充実しており、ツイッターでは入荷した廃材が次々とアップされる。「シングルキッチン、浴室、ガレージのキャビネット五～七五ドル」「長い肉屋のブロックカウンター二〇ドルと四〇ドル」「オレゴニアン（地方紙）社のテーブル一〇ドル」など、改築を考えていたり、何かつくりたいと思っている人にとっては、たまらなく有用なお知らせだろう。さらに、自分が考えた廃材の活用アイデアをウェブサイトにアップし、みんなとシェアすれば、購入の際の一〇％割引クーポンが配布される。古いドアでつくられたテーブルや、ガラス窓で構成した美しい温室、マントルピースを使った飾り棚、ほぼ一〇〇%ここの廃材でつくられたショップなど、アイデア満載の事例が公開されていて、みんなのインスピレーションとやる気を喚起している。

ここで扱われる建築部材や什器の値段は、同業の民間業者に比べ五〇~九〇%の価格に抑えられている。そして、それらの売り上げは、スタッフの給料などの運営費に回される。また、ストックされた部材を使ったオリジナル家具の開発も行っている。日本にも古民家の解体部材を扱う業者は沢山あるが、それは既存の企業の経済活動の上に成り立っている。このNPOの活動に未来を感じるのは、コミュニティの中で育ち、利益をもたらし、その魅力づくりを住民自身が行っているところである。リユースを、お役所任せではなく、また、企業の収益事業に絡め取られずに自立した事業として行うことが可能なのだと教えてくれる。地域に根差した活動ゆえに、ポートランド以外には事業を拡大しないというポリシーも潔く、心打たれた。このNPOでは、さまざまなクラスを開設しているので、住民が制作のためのスキルを身に付けることも可能だ。「木工」「窓」の修理などに混じって「ミツバチの巣箱づくりコース」などがあるのも、エコシティならではの特徴だろう。

既にあるモノを活かす。無駄に廃棄しない。この組織や街はとてもシンプルで難しいことにチャレンジし、成果を上げている。

地域資源の有効利用を道具の世界に広げる

ノース・ポートランド・ツールライブラリー 2008年6月

NORTH PORTLAND TOOL LIBRARY

ポートランドは「ローズシティ」とも呼ばれ、季節には住宅街のあちこちに美しい花が咲き誇る。つつましい住宅街の休日は、のどかで平和なオーラが充満し、散歩にもってこいだ。ノース・デンバー・アベニューのバス停で降りて、手入れされた愛らしい庭を眺めながら、目指す教会を探した。街路樹のさくらんぼが赤く色づいていて、鳥たちがしきりについばんでいた。便乗して私も少しおすそ分けに預かった。

訪問先は二〇〇四年一〇月に設立された「ノース・ポートランド・ツールライブラリー」。「ツールライブラリー」とは街の図書館が住民に本を貸し出すように、大工仕事や庭の手入れなどに必要な道具を、無償で貸し出す組織なのだ。鶏小屋の制作、芝刈り、家の修理、家具のリメイクなど、クリエイティブシティの住民たちの休日は忙しい。同じような組織はポートランドのあるオレゴン州に五つ、全米には四〇以上が存在する。一九七六年オハイオ州コロンバスを皮切りに、七九年にはバークレーに……。そうやって次々とコミュニティの中に生まれてきた。二〇一一年にはウエスト・シアトルにもオープン。その活動の意義がますます多くの人に認められているのだ。

多くが休日の限られた時間しか開いていないので、地域の人でなければなかなか訪れるチャンスはない。大きなバラの茂みの向こうに見えてきたのは、想像していたよりもこじんまりとした教会だ。手づくりの看板が、「地下室がその目指す先ですよ」と教えてくれた。筆者を追い越すように、芝刈り機を抱えた女性が階段を下りていった。中を覗くとスタッフがふたり、カウンターに立っている。さほど広くないスペースに、さまざまな大工道具が整理されて並んでいる。小さなツールは、探しやすいように、きれいに壁に掛けられている。

個人で購入するにはちょっと躊躇するものの、コンプレッサーや丸鋸など、あればぐんと作業がはかどり、完成度も高くなるであろう道具が頼もしくスタンバイしている。ここには全部で五〇〇を超す道具があるそうだ。もちろん自前で揃えている人もいるだろうが、ここでスタッフから使い方を教わりながら、借りた道具でチャレンジするのも経済的だし、やり取りを通して住民同士のコミュニケーションが育まれる良さがある。住民が道具を借りてつくったモノの写真を見ると、今度はその人につくり方のコツなどを聞いてみたくなる。

スタッフはボランティアとのこと。「リビルディング・センター」(71頁)で見つけてきた古材や什器を、「ツールライブラリー」で借りた工具によって加工する。そこには、つくる喜びに満ちた身の丈の生活がある。時折催される無料のワークショップでは、電動工具の使い方や蛇口の修理の仕方などを学ぶこともできる。

ポートランド大学構内で毎週末開かれるオーガニックなファーマーズマーケットには、リンゴの季節になると、木製のクラシックなリンゴ搾り機がやって来る。山積みのリンゴが次々に放り込まれ、まさに搾りたてのアップルサイダーがお客さんに提供される。甘くさっぱりとしたジュースを飲みながら、初めて見るその機械に興味津々の熱い視線を注いだものだが、そのサイダープレスが、サウス・イースト・ポートランドの台所道具に特化した「ツールライブラリー」にもあるのを知って、大変驚いた。確かに、缶詰機械、アイスクリームメーカーなど通年で使うのでなければ、道具を借りて来るのが合理的だ。

ホームセンターやウェブサイトでものづくりの夢を見て、勇んで買い込んだものの、結局全く使わないままの大工道具がガレージに封印されていることはないだろうか。あるいは、知らず知らずのうちに同じような道具が増えてきて、道具箱がパンパン、なんていう人もいるかもしれない。ここは、そんな活躍のチャンスがない、不幸な余剰のツールの受け入れ先にもなるのだ。かさばる道具の置き場を共同で確保すること、元々ある地域の資源をみんなで有効に使うこと、そして、楽しみながら自分たちで暮らしの環境を整えていくこと。「ツールライブラリー」がじわじわと増殖している理由が見えてくる。

クリエイティブリユースを追いかけていくと、それをたやすくするツールの所有の新しいかたちまで見えてくる。またその先に、私たちが目指すべきコミュニティの仕組みすら浮かんでくるように思うのは、筆者だけだろうか。共有する豊かさをしばらく私たちは忘れていたが、個人の豊かさの追求だけでは行き詰まってしまった社会の中で、もう一度道具をどう持つのかを考えてみたい。

サイダープレス機とリンゴ。

廃材の整理法をチルドレンズミュージアムに学ぶ

ポートランド・チルドレンズミュージアム 2008年6月

Portland children's museum

ポートランドの街を見下ろせる丘の中腹には立派なローズガーデンがあり、四季にわたって咲き誇る花々が市民の目を楽しませている。ワシントンパークの広大な駐車場を囲むように動物園や図書館、森林ディスカバリーミュージアムがあり、そして一九四六年に設立されたアメリカで六番目に古いチルドレンズミュージアムがある。

エントランスを入ってすぐに迎えてくれるのが大きな額縁だ。その中に立てば、来館記念の撮影ができる仕掛けだが、よく見るとこの額縁のデコラティブな装飾が実におもしろい。スプーンやお菓子の型などの廃材と、マカロニなどのコラージュでできている。館のスタッフのセンスとポリシーを早くも感じる瞬間だ。館内は、子どもたちがさまざまに試して遊びながら理解できるハンズオン展示がメインとなっている。家づくりを行ったり、ひたすら穴を掘ったり、ペットの病院で獣医になってみたり、レジを備えたお店でお買いものごっこを楽しんだりと、子どもでなくともワクワクするアクティビティが豊富に揃っている。演劇や音楽、絵本や物語に遊ぶスペースもある。

そんな中で、ものづくりをじっくりと楽しめるのがリサイクルアートスタジオ「ガレージ」だ。創作のメイン素材は廃材で、そのストックの仕方に、子どもの使い手を意識した工夫が見えておもしろい。各国にあるクリエイティブリユースのセンターは巨大な倉庫を持っていたとしても、廃材は次々と到着する。溢れるほどの素材の整理とディスプレイには、関係者一同、日々知恵を絞り、格闘しているわけだが、この館のアイデアはそういった人々にもおおいに参考になると思う。

子どもたちにとっては、まず、そこにどんな素材があるか、何のアクションも起こさずに、パッと見るだけで理解できることが大切だ。そのためにはケースを重ねたりせず、ふたも付けず、平置きでずらりと並べることが望ましい。やむなく省スペースで積み重ねる場合にも、極力、間を空けた棚に平置きし、引き出すことなく取れると便利だ。引き出しがなければ、指を

楽しい工夫や遊び心に満ち溢れたディスプレイ。

挟むこともない。背の高さもまちまちな子どもたちのためには、棚にはめ込んだトレイが透明になっていれば、下からでも横からでも中身が見えて好都合だ。頻繁に使用しない小さなパーツ類やグリッターは、ふた付きの瓶に入れて保存することが多いと思うが、そのふたを棚板の下部に直接ビスで留め付け、モノが入った瓶をくるくる回して固定するという方法もなかなかのアイデアだ。使用することがわかっていれば、あらかじめスタッフの手で取り外して平に並べ、終われば、固定して仕舞う。けれども、透明なガラス越しにどんな素材がそこにあるのかは、子どもたちにも一目瞭然である。

分類と整理はクリエイティブリユースの根幹を支える重要な作業だ。素材の魅力を見つけやすく、取り出しやすく、豊かなイメージを生みやすい整理が求められている。また、廃材の加工には、子どもといえどもいろいろな道具が必要だ。ここでは、安全に道具が使えるように、たとえば電動ドリルを使う作業台にはすべり止めシートが敷かれていて、穴をあける板の方が回らないような配慮がなされている。もちろん目を保護するグラスも備えられている。クリエイティブリユースの工房には、さまざまな人がやって来るし、その中には技術を持っていない大人もいる。子ども基準の安全配慮は、すべての人々にとって有効である。

新刊古本並列の巨大書店は文化の宝庫

パウエルズ・ブックス　2008年6月・2011年11月

POWELL'S BOOKS

街の文化度は、書店を訪れれば一目でわかるというのが、筆者の密かな持論である。見た目はきれいでも、流行の本や参考書ばかりが並ぶチェーン店しかない街に文化は育たない。また、本という知恵と哲学の詰まった宝物を日々の中で欲しない人が生活している街は、消費一辺倒で、ある世代サイクルを終えると徐々に衰退する。古本屋や書店主の好みを反映した書店、大型店でもポリシーを貫いた個性的な店舗がある街には、お決りのようにおいしいレストランや居心地のいいカフェもある。住民がそれらを育て、それらが住民を育てるという、合わせ鏡のような関係にある。

「パウエルズ・ブックス」は、ポートランドの心臓とも言える全米屈指の独立系書店だ。ダウンタウンには約六六〇〇平米の本店があり、蔵書数は一〇〇万冊を超える。その充実度と分類の的確さ、司書のようなスタッフの豊かな知識に裏打ちされた対応は、世界一ではないかと思う。ここの特徴は、新刊はもとより中古の本も一緒に置かれていることだ。新しい本でも中古の本でも、自分の価値観によって選べるのがおもしろい。ウェブサイトでの販売も行っているので、オレゴン州以外のお客さんもその恩恵を受けられる。さらに古本の買取も行っていて、本のリユースが徹底されている。つまり、巨大

な中央図書館に新刊も古本も売買可能なシステムを組み込んだ文化の塊のような場所なのだ。もちろん本を読みながら一息入れられるカフェもある。

現在ポートランドに大小六店舗あるが、特筆すべきはこのエコシティのバラエティ豊かな活動や、ＤＩＹ(Do It Yourself)を下支えするような本の棚が大変充実していることだ。クリエイティ

ブリユース関連はもちろん、ヤギの飼育やそのミルクからつくるさまざまな加工食品のガイドブック、養蜂について、自分の手で生活に関わるモノを工夫してつくるＭａｋｅｒ精神に溢れた書籍の数々、手芸本、料理のレシピ本など、その守備範囲はかぎりなく広い。この街の人々の指向性が手に取るようにわかるラインナップなのである。

また、地元の学校や図書館、成人の識字プログラムや子どもたちの読書プログラムなどの支援も続け、膨大な冊数の本を寄付している。誰もが生活の中で読書を通してアイデアや知識の共有ができるように、という考え方にもとづいている。それこそが文化だ。

この書店は本の流通について私たちにいろいろなことを教えてくれる。日本の公的な図書館が彼らのノウハウを取り入れて、運営するのもおもしろいかもしれない。

小さく生んで大きく育てる

メッカ 2008年6月

MECCA(Materials Exchage Center for the Community Arts)

ポートランドから南に二〇〇キロのところに位置するユージーンという街に、二〇〇〇年に設立されたこじんまりとしたクリエイティブリユースの拠点がある。車ならばあっという間だが、ふと、今まで一度もアムトラックに乗ったことがないなと思い、バンクーバーとユージーンの間を走っているアムトラック・カスケードを日本からインターネットで予約した。結果から言うと、この気まぐれな思い付きは効率的に失敗だった。まず時間に合わせてポートランド駅に着くと、まだ列車はシアトルを出ていないとのこと。しかも何時に着くかも皆目わからないという。回りを見渡すと、乗客になるはずであった人たちも三々五々駅の外へ散っていく。コーヒーを飲みながら時間を過ごすも、いつ到着するともしれぬ列車を待つのは辛い。しかし乗りかけた船、いや列車。こうなったらとことん付き合って一部始終を見てみようという好奇心がわいてきた。アムトラックはどんなふうに利用されているのか。そして廃れてきたのはなぜなのか。みんなの待ち時間の過ごし方は……？　そんなふうに過ごしている間にアナウンスがあり、待望の列車が到着した。

ユージーンに到着するのは真夜中だ。乗った車両にお客は筆者を入れて五人ほど。いくつか駅に停まったが、一様に家族が車で駅に迎えに来ていた。新幹線に慣れた日本人にとってアムトラックは驚くほどゆっくりなスピードだ。降りる駅になると車掌さんが教えに来てくれるのも、なんとものんびりしている。ほぼ半日を費やして真夜中のユージーンに着き、てくてくと歩いて一九七〇年代アメリカ風のモーテルにチェックインした。むろん車内販売などはなかったので、その日の夕食はモーテル常備のバナナやコーヒーだった。

朝日が昇り、あたりの様子が見えてくると、ここがとても素敵な街だということがわかった。昨夜の夕食の分も取り戻すべくカフェで朝食を食べながら、フリーペーパーなどで街の感じをつかんだ。目指すは「メッカ」という活動体。アート作品がところどころに配された遊歩道に面したビルの一階にそれはあった。モザイクの看板といい、窓際に置か

れた作品といい、親しみやすくワクワク感に満ち溢れている。

この日は午前中に幼稚園からふたつのグループがワークショップにやって来るという。室内にある器材や素材のストックを見せてもらっていると、賑やかな声がして、かわいい子どもたちが先生に引率されて入ってきた。ここの廃材は家庭や企業や店などから出るモノのミックスである。種類ごとに箱に分けられ出番を待つ。子どもたちに特に人気があるのがシール類だ。器用なことはできなくても、シールの保護紙をはがして好きなところにペタペタ貼るのはお手のものだ。またビーズを通すのが大好きなのも全世界共通。年少さんのクラスではCDをベースにこれらの組み合わせで飾りづくり、年長さんのクラスでは、水彩画を組み合わせた作品づくりが実施された。このように、幼稚園のアクティビティがアウトソーシングされているのもおもしろいし、そういった信頼にもとづいた関係が結ばれているのもステキだと感じた。

写真や絵が豊富に入った雑誌や、聞かなくなったLP、ワインのコルク、使いさしのクレヨン、王冠、季節のグリーティングカードなど、家庭で使用の旬が過ぎれば、片づけや廃棄の対象になるものが、このように集められ、ある量になればものづくりの強力な味方になる。他の大規模なクリエイティブリユースのセンターにはない、家庭の延長のような身近さが魅力だ。そこでは、教師たちが無料の材料を調達できる。家庭から出るさまざまな廃棄物以外に、アートやクラフトのための未使用の材料などの寄付を受け付けているところが、名称通り、「コミュニティアートのための素材の交換センター」らしいところだ。子ども向けだけでなく、大人向けと本格的なものづくりワークショップも開催し（有償）、地元の人々がアートを楽しむことをサポートしている。ウェブサイトには教師の参考となるような授業プランも掲載されている。廃材を使いながら、アートだけではなく音楽や生物、社会、国語、科学、健康などの楽しい学びの提案がなされている。対象年齢も幼児から中学生までと幅広い。

無理をせず、できる範囲で活動を続けることが可能なのだということを教えてくれる頼もしい存在だ。その地道な活動は数々の賞に輝いている。筆者が訪問した後に、アムトラックのユージーン駅の脇に移転し、モノのストックがパワーアップしたようだ。他の組織もそうだが、地道な活動を続け、少しずつ育てていくことが何よりも大切だ。最初に巨大な箱モノを行政主導でつくり、ランニングコストがかさんで先細りになる日本とは真逆である。

さて、筆者の気まぐれはポートランドへの帰路にも及んだ。列車がダメなら、とバスに変更したのだが……。公共交通にこだわるのはささやかな目的がある。特にアメリカにおいては、車を持たない人々の暮らしの一端を見つつ、彼らの生活の空気感を肌で感じたいと思っているからである。利用者は圧倒的に黒人やアジア系、ヒスパニックの人たちが多いのは言うまでもない。また、そのような人々がリユースの施設の活用者でもある。ユージーン経由のバスはうすうす予感していた通り大幅に遅れ、ポートランドのバスターミナルに着いたのは、夜もたっぷりふけた頃となった。結局アムトラックはＳＬファンの人たちが、趣味で乗る列車になったのね、と、いまだにシーズンになると全米鉄道旅客公社から送られてくる案内メールを眺めながら理解した次第だ。いずれにしろ、アポを取っているような仕事には使えない。しかし、ユージーンへのショートトリップでの、長い待ち時間やロードムービーのような出来事は、自分としてはなかなか味のある思い出となったのも正直なところ。車でささっと往復する訪問では、得られなかったものがあったと思う。

ワークショップで「メッカ」にやって来た子どもたち。

生活の質を変えるためのシステムづくり

CCDIとAMTSファブラボ 2008年12月

CCDI (Cape Craft & Design Institute) & AMTS (Advanced Manufacturing Technology Strategy) FABLAB

オーストラリアのブリスベンの美術館で一目惚れして持ち帰った鳥のオブジェ「JUJU CHICKENS」が南アフリカでつくられたものであったことから、私は俄然ケープタウンのクリエイティブリユース事情に興味を持った。

調べてみると「CCDI」という工芸とデザインの研究所があり、国内のプロダクトデザインの技術サポートや紹介を行っているようだ。さらに、そのセンターの中には、マサチューセッツ工科大学（MIT）から始まった「ファブラボ」（178頁参照）も設置されていて、さまざまな人が利用しているらしい。

（178頁参照）

ということで、好奇心には抗えず、世界一治安が悪いという南アフリカのヨハネスブルグを経由しない便を選び、ドバイから直接ケープタウンへ。まだ夕方六時くらいだというのに、道には既に人影がなく、タクシーで乗りつけたゲストハウスは門番もいるのに暗証番号式の門扉になっていて、さらにエントランスもスタッフが確認をして開ける仕組み。自分の部屋にたどり着くまで、廊下にあるドアも施錠されていて、都合五つの関門を通過しないとベッドに横たわることさえできない。やれやれ大変なところに来てしまったというのが、初日夜の感想だった。

翌日、早速ケープタウン駅の南五〇〇メートルに建つ小ぶりなビルにある「CCDI」を訪

©JUJU CHICKENS

ねる。厳重な施錠を解除してもらってたどり着いた階上の部屋はショールームになっていて、地元の工芸家やデザイナーの作品が並べられている。ペットボトルや洗剤のプラスチックボトルを加工した照明器具やカーテンなど、クリエイティブリユースのプロダクトも多い。カラフルで全体的に活気があり、今の南アフリカのデザイン状況が手に取るようにわかる。

スタッフからは研究所の数年分のアニュアルレポートなどの資料をドサリと手渡された。どれも美しいデザインで、内容も充実している。ここでは地元の工芸作家やデザイナーの紹介、産業としてのバックアップ、デザイン開発のサポート、関連する人や会社や小売店のデータベースの構築、国際的なカンファレンスの実施など、きめ細かく、かつアグレッシブに活動しているのが印象的だった。言うなれば、南アフリカという国の生活の質を変えるためのシステムづくりと、南アフリカブランドを世界に知らしめることを目指す研究所なのだ。タウンシップなどに住む黒人たちが手掛けるソーダ缶や瓶のふた、再生プラスチックをさらに再利用してつくられるクラフトは、この研究所のフラッグシップとしての活動で、「ギブ・グリーン」という名称で呼ばれている。

実は私をケープタウンに誘った「ＪＵＪＵ ＣＨＩＣＫＥＮＳ」は紫外線に弱い。プラスチックを素材にしているので、四年間も出窓に飾っていると触るだけでポロポロカサカサと崩れるようになってしまった。粉々になるプラスチックは、現在、海の生物や鳥などへの影響が懸念されている。クリエイティブリユースを手掛けるということは、環境のことも念頭に置きながら素材を選ぶ必要がある。そういう理由からか、最近は紙でつくられた鳥のオブジェも出てきているようだ。

その後、「AMTSファブラボ」のファシリテーターをしているピーターがやってきて、スペースを案内してくれた。ここは世界では八番目、南アフリカ内では三番目に設置されたという。他には工科大学や職業訓練センターなどの中にある。南アフリカには計六カ所あり、アフリカの他の国にも今後広がりそうという話だった。

室内では数人が作業をしていた。電動糸ノコ二台、パソコンにつながった3Dプリンター、同じくビニールカッター、アクリルを曲げるためのオーブン、はんだ、電気検査の機械、ミシン、ロックミシン、パソコンにつながったレーザーカッターと同じくデジタルミシン、といったところだ。ワークステーションとなるパソコンは四台で、オープンソース・ソフトウエアにリンクしている。3Dプリンターはスキャンもできるが、「時間がかかるねー」とピーター。人気があるのはやはりレーザーカッターで、アクリル板がきれいに切れることに感動してしまうのは万国共通のようだ。ここでは職人とデザイナーが一定期間一緒に作業して、何が生まれるか、

「AMTSファブラボ」ファシリテーターのピーター。

右：「CCDI」のショールーム。地元の工芸家やデザイナーの作品が並べられている。
左：併設されている「AMTS ファブラボ」。

を実験するワークショップも行われている。こんな場所が日本にもできるといいのに、と思っていたら、国内でも産声を上げ、最近はとみに注目されているようだ。

この研究所の実験やサポートの理念を見ていると、資本が少なくて済む、小さなビジネスによって、手仕事を楽しみながら生活の糧にしていく喜びを感じる。それは、これからの時代の主流になっていくのではないかと思えてくる。大量生産・大量消費の次に還っていく先、つまり私たちが目指すべきところが見えたような気がした。

社会的弱者に生活の糧をもたらす
クリエイティブリユース

ケープタウンのタウンシップ・クラフト　2008年12月

TOWNSHIP CRAFT OF CAPE TOWN

「CCDI」スタッフのピーターにクリエイティブリユースの観点から、訪問すべきアトリエやショップを三カ所ピックアップしてもらい、さらに自分で調べた場所も加えて、回ってみることにした。抜けるような青空に爽やかな風が素晴らしく、カラフルなプロダクトを探しながら歩いていると、不安な気持ちもどこかに吹き飛んでしまった。そうなるとしめたもの。こちらが興味を持ちながら積極的に動くと、現地の人々も親切に接してくれる。初日は腰が引けていたのに、二日目には一気に大好きな街になった。

まずはお勧めの「MONKYBIZ」のショップから。二〇〇〇年に非営利団体によって始めたプロジェクトで、失業者だったタウンシップに住む（主に）女性たちが、アフリカの伝統工芸の手法を使い、カラフルなビーズで動物やボウルをつくっている。プロジェクトの参加人数は約四五〇人というからすごい。ひとつひとつの商品には、ワンオフであることを誇るように、つくり手の名前が書かれたタグがぶら下げてある。これは廃材のリユースではないが、伝統的なビーズ工芸を、新しい解釈とデザインで創造的にとらえ直していることから、「伝統技術のクリエイティブリユース」とも考えられる。どれひとつ同じ表情をしていない動

物や人形の、素朴な造形力や、色づかいのうまさに魅了されると手ぶらで帰ることは難しい。質の高さと、社会的意義に多くの人が共感して、世界各国で展示や販売も行われている。

次はその近くにある「Street Wires」へ。中に入ると、まずワイヤーとビーズでつくられた巨大なオブジェが並ぶギャラリーがある。奥の店舗には、アルミ缶を細く切ってワイヤーで編み上げた小物入れや、ビーズをあしらいながらも、ストリート感・ガジェット感のある商品が揃う。スタッフに促されて、沢山の人が制作をするアトリエをのぞきに行った。おしゃべりしながらワイヤーにビーズを通している手元を見て驚いた。自作のビーズ通し機だ！　いらなくなったプラスチックボトルをカップのように切り取り、芯棒を付けてコマのように回すと、中に入れられたビーズが一緒に動き出し、そこにワイヤーを突っ込むとおもしろいように通っていく。リユース素材を使った手づくりの超効率化がなされていることに感心してしまった。この店のアトリエもオフィスも、クリエイティブリユースのプロダクトの宝庫で、ショッピングカートを改造した椅子、ボトルキャップの照明器具などが、ごく当たり前に使われていたのが印象に残っている。

おなかも空いてきたのでカフェも併設している「African Image」へ。筆者を南アフリカに誘った「ＪＵＪＵ　ＣＨＩＣＫＥＮＳ」の仲間が勢揃いしているショップだ。ここには、プラスチックボトルを使ったカラフルでハッピーなプロダクトもあり、店内はさながら色の洪水だ。洗剤ボトルを牛頭骨のように見立てた壁飾りや、ボトルとキャップを複雑に組み合わせたシャンデリアなど、目が慣れてくると、廃材を巧みに使った沢山のモノに囲まれていることに気付く。彼らの自由なアイデアに敬意を表したい。

中心部から少し離れたこじんまりしたモールに入っているのは「Ｈｅａｔ　Ｗｏｒｋｓ」だ。ファミリーで賑わうモールでも、エントランス両側にはライフル銃を下げたガードマンが立っている。ここには、電線を使ったバスケットや、アクセサリー、車のナンバープレートやタイヤのゴムを組み合わせたバッグ、レコードを利用したバッグなど、素材のバリエーションも豊かなクリエイティブリユースのプロダクトがある。特に国内外で有名なのは、余ったラベルをペタペタと貼ってつくられた張子のお皿やボウルだ。これは「ＷＯＬＡ　ＮＡＮＩ」という、ＨＩＶ感染者と彼らの子どもたちの生活支援のための生産を行うプロジェクトから生まれたモノだ。他にも再生紙でつくられたジュエリーやランプシェード、美しい色の張子のキャンドルホルダーなどがある。いずれも、ＨＩＶ感染者であるつくり手の作業負荷を低く保つために、紙という扱いやすい素材が選ばれ、簡単な貼り合わせでできているところに、優しい配慮が見て取れる。

「Bird Café」。

「Street Wires」。ワイヤーとビーズでつくられた巨大なオブジェが並ぶギャラリー。

「MONKYBIZ」のショップ。

オイルサーディンやチキンスープのラベルはパンチが効いているし、南アフリカの伝統の布地シュエシュエの小紋柄っぽいものもおしゃれだ。ひとつボウルをつくるのに四時間ほどかかるらしい。

ケープタウンには空間的なデザインクオリティの高いカフェやレストランも多い。その中で、クリエイティブリユースの観点から上位に位置するのが「Bird Café」だろう。プラスチックのケースや洗い桶などを椅子や水洗に使い、軽やかで気持ちいい空間に仕上げている。原色が賑やかな南アフリカンカラーではなく、白を基調とし、材質感を活かしたナチュラルな雰囲気だ。余っているモノ、身近にあるモノを上手に利用することで、こんな空間がつくれるという良いお手本だ。

就労移行支援・就労継続支援事業所の クリエイティブリユース

OIDEYOハウス 2004年9月

OIDEYO HOUSE

長野県上田市郊外ののんびりとした山あいにある「OIDEYO（おいでよ）ハウス」は、二〇名の障害のある方たちが通う福祉事業所である。ここでは「社会福祉法人かりがね福祉会」によってアートを中心に据えた就労移行支援・就労継続支援が行われており、通所者には作業日数に応じたフィーが支払われる。広々としたスペースにカラフルな素材が置かれている様子は、まるでアトリエだ。机やミシン、椅子にも気まぐれにカッティングシートで装飾が施されている。

実は、ここから生まれるクリエイティブリユースのトートバッグ「雷バッグ」は、おしゃれなセレクトショップやニューヨーク近代美術館、東京の国立新美術館などのミュージアムショップで人気がある。

クリエイティブリユースのトートバッグ「雷バッグ」

プロダクト誕生のきっかけは、利用者の親御さんが、看板屋さんで廃棄される半端なサイズのカッティングシートを、事業所でのものづくりに利用できないかと持ち込んできたことだった。確かに発色は鮮やかで、扱いも簡単な粘着性のシートは、創作意欲をかきたてる良い素材だ。そこに、地域の給食センターやお弁当屋さんから出る紙の米袋がドッキングした。そんなふうにして制作が始まったのは二〇〇六年のこと。その年の「アースデイ」でこのトートバッグを出品したところ、小物の流通などを手掛ける「スペースポート」の目に止まり、二〇〇八年より商品としての開発が始まったという。

粘着シートで補強された三枚重ねのクラフト紙は、トートバッグにピッタリの丈夫な素材である。カッティングシートは一枚一枚手で丁寧に貼られた後、熱で圧着されている。縫製も所内で行われている。色や柄の配置につくり手の個性が反映され、つくり手は自分がつくったモノにとても誇りを持っている。

クリエイティブリユースのプロダクトは、端材を活用するという制作条件から、同じモノを沢山つくることができない。逆に、一点モノであることが大きな魅力であり、買い手は自分の感性と響き合う色柄や形を探すのを楽しんでいる。ミュージアムショップの売れ筋に「雷バッグ」のようなクリエイティブリユースのプロダクトが台頭してきているのは、買い手が、自分だけの出会いや、背景にあるストーリーに価値を感じているからだろう。安くなくても納得を

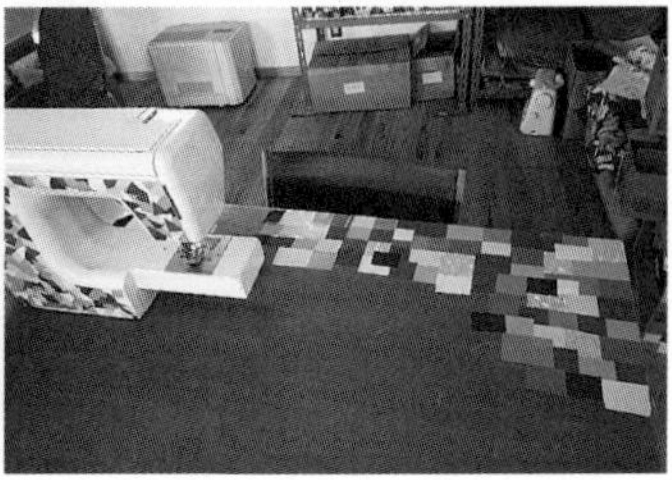
長野県上田市の「OIDEYO ハウス」。

生むわけだ。

廃棄される運命にあった半端な素材が、ヒトによって手渡され、福祉事業所での手作業で命を吹き込まれ、素敵な一点モノのプロダクトに変わる。そして、遠く離れたセレクトショップで多くの人々の目に触れ、世界中で使われる。廃材は、そのような社会的包摂を促し、地域のネットワークを育み、やがてさらに大きなネットワークへと飛び立たせるエンジンにもなる力を秘めている。

加工しすぎないアップサイクル

セッコ 2009年5月

SECCO (Sustainable Economy Collection Company)

日本のミュージアムショップやセレクトショップで扱われているクリエイティブリユースのプロダクトの代表格のひとつとして挙げられるのが、フィンランド発の「セッコ」だろう。持続可能な経済活動(Sustainable Economy)を目指してつくられたプロダクトの、コレクション(Collection)を扱う会社(Company)という単語の頭文字をつなげてブランド名としている。「廃材の山から届いた宝物」というコンセプトで、コンピュータやタイヤ、レコードなどの廃棄物をデザインの力で魅力的な商品に生まれ変わらせている。

いわゆる「E-waste」にいち早く注目して、それらをシンプルかつ魅力的に仕上げているのも特徴のひとつだ。さほど大きくないことも幸いして「セッコ」の商品は世界中で売られている。日本にも取扱店舗が八〇ほ

レコード盤に熱を加えて縁を立ち上げたボールを購入した時、ニナ自らが丁寧にレコードジャケットに切れ目を入れたパッケージに納め、廃材のビデオテープをリボン代わりにラッピングしてくれた。そういった細かなところにまで「セッコ」の精神が行きわたっていて、気持ちが良い。

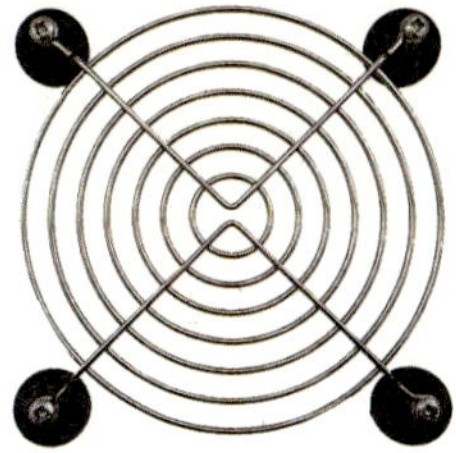

コンピュータの排熱ガードとマウスボールでできた鍋敷き。

どあるので、彼らがつくるキーボードや携帯電話の部品を使ったキーホルダー、アクセサリーなどを目にしたことのある人は多いのではないだろうか。

創業は二〇〇三年。フィンランド中部のユヴァスキュラでニナ・パルタネンによってつくられた。今でもその街に工房があり、「大変な重労働」というゴムの洗浄なども行っている。彼らが扱うものは洗濯機のドラム、パソコンのキーボードや基盤フィルム、排熱ガード、マウスのボール、その他に車のタイヤのチューブやシートベルト、フェルトの端切れ、古いレコード盤、ファスナーなどなど。手間をかけて廃材をきれいにして、その素材の持つ魅力を最大限に引き出したプロダクトにする。固定概念に縛ら

ゴムの洗浄。　©SECCO

れることなく、モノ自体をストレートに見つめ、おもしろがる自由な気持ちが必要だ。新しい活躍の場を見出された廃材は輝いている。しかし、元の姿の形状をすっかり忘れるほどに変形加工はされていない。彼らは商品を手にした人が廃材でできていることを確認できるよう、なるべく元の素材の形や特徴を残すよう気遣っている。それは制作に余計なエネルギーを注がないことをも併せ、彼らの環境への姿勢を表している。コンピュータの排熱ガードとマウスボールを組み合わせた鍋敷きなど、そのためにパーツをデザインしたのかと思うほど、すんなりとはまっていて驚く。確かに材料はそのままであり、それ以上でもそれ以下でもない。

ヘルシンキの中心地にある「セッコ」のフラッグシップ・ショップにはオリジナル商品だけでなく、彼らが世界中からセレクトしたモノが販売されている。浜に打ち上げられたビーチサンダルを接着して削り出したネックレスやブレスレットなどもそのひとつだ。

日本のメーカーや個人も、「セッコ」のアイデアやコンセプトを知ることによって、製造過程でどうしても出てくるゴミを産業廃棄物として処理するだけでなく、廃棄物そのものから、これまでにない製品を生み出すという新たなイノベーションの可能性があるかもしれない。

クリエイティブリユースによる反ファストファッション

グローブ・ホープ 2009年5月
GLOBE HOPE

「セッコ」を訪ねた折に、スタッフからクリエイティブリユースについて調べているならぜひ、と勧められたのが「グローブ・ホープ」だ。それならば、とヘルシンキから一時間ほどバスに揺られ、アトリエの併設されている本社へ。バスは森の中を北西の方向にひた走る。ヘルシンキを抜けてさほどたってもいないのに、すぐに「カモシカ注意」の標識が出てくるのもフィンランドらしい。ただただ両側に深い森が続く中にひょこっりバス停が出現し、ひとりふたり乗り降りしていくのは不思議だった。彼らはどこから来てどこへ行くのだろうか。まるで「ムーミン谷」の住民のように見えた。

ＮＵＭＭＥＬＡという小さな街に着き、さらにタクシーに乗り換えて一〇分。避暑地のような清々しい場所に社屋がでーんと建っていた。入口はショップになっていて、これまで目にすることのなかった軍関係の素材でつくられたプロダクトも多く並べられている。ここは、ちょっと珍しい廃材を使ったプロダクトをつくっているのだ。軍から放出されるモノ以外には、たとえば、病院関係のテキスタイル、ヨットの帆、労働者の作業着などだ（もちろんお馴染みのシートベルト、広告のフラッグ、ビンテージの布なども活用されている）。空軍のパラシュート用の軽くて薄い布でつくった服、ポケットがいっぱいある看護師のスカートのリメイク、病院のタオルでできたジャケット、外科医の手術着からできたジャンパー、軍の寝袋でつくられた暖かいコート、ヨットの帆でつくられたラップトップ用のバッグなどなど。いずれも丈夫で、何度もの洗濯に耐える。

集められた素材は、洗浄され、布目を整え、モノによっては全体を染色したり、シルクスクリーンでプリントが施されることもある。そしてシーズンごとに新たなデザインが考えられ、さまざまに変身したプロダクトがラインナップに加わっていく。ここではデザインの開発、サンプル生産、マーケティング、素材のストックなどが行われ、フィンランド国内と隣国エストニアで生産されている。生産ラインと流通をなるべくコンパクトにまとめ、持続可能な社会をつくることが、使い捨ての繊維産業に嫌気がさした創業者のポリシーなのだ。

※二〇一〇年グローブ・ホープはセッコを吸収合併した。

筆者もこの看護師スカートを愛用している。大きなポケットが使い勝手よく、鮮やかな色目や、白いボタンのアクセントもコーディネートのポイントになり、季節を問わず手放せない一着。

チャリティショップの時代対応経営戦略

ロンドンのチャリティショップ 2009年6月

CHARITY SHOPS OF LONDON

ロンドンはハマースミスより少し西の住宅地に、筆者が勝手にロンドン随一のチャリティショップ街だと思っている地区がある。最寄りのターンハム・グリーン駅を降りると道路の両側に、医療、国際協力、教育など、さまざまな団体が運営するショップが次々に現れる。歩きながら数えていくと、あっという間に八種類。「Ｏｘｆａｍ」は雑貨や衣類の他に本の専門店も設けており、その充実度に驚く。ちなみにこの「Ｏｘｆａｍ」は現在、国内に七〇〇店舗も展開している。どのチャリティショップも市民や企業から不用品（服や日用品、本、レコードなど）や寄付を集め、その収益を格差の是正や医療福祉の充実など、なんらかの社会活動に役立てており、この国の人々の慈善活動への熱意には敬意を表したくなる。自分たちで社会を変えようという自発的なアプローチに学ぶべきことは多い。

筆者がロンドンを訪れた折には、「ＢＢＣ２」でこうしたチャリティショップの立て直し番組『メアリー　クイーン・オブ・チャリティショップス』を放映していた。チャリティショップも不況の中、漫然とした経営をしていては生き残れない。受け身の経営方法やあか抜けないディスプレイではなく、もっと

美しく楽しい店づくりをして、多くの利用者に来てもらうための方法を試行錯誤する番組だ。ショップの運営はボランティアのスタッフが行っているため、プロフェッショナルなディスプレイのノウハウは持っていない。そこで小売りの達人メアリー・ポータスがテコ入れするわけである。服を吊るすのも、色ごとにまとめると、見やすく美しく魅力的に感じられる。達人の手によって雑然としていた店内が、あれよあれよと言う間に、変化していく。また、年配のボランティアのモノに対する価値観が時代に対応できていないと、スポットを当てるものがずれたり、値付けが適正でなくなったりする。いわゆるお宝感のズレである。そういったことをズバズバ指摘していく達人と、根っから人のよさそうなスタッフとのやり取りは、笑いあり涙ありで、見ている方もハラハラドキドキだ。夜九時のゴールデンタイムに一時間のシリーズ番組が制作されるほど、チャリティショップとは人々の生活に深く入り込んでいる。

ショップによっては寄付用の袋をつくっているところがある。団体のロゴ入りの袋が、小さく折りたたまれて、寄付を呼びかけるメッセージと共にショップの入口に置いてあったりするわけだ。なかなかしゃれたその袋を持って帰り、思い付いた時に不用品を放り込み、何かのついでにショップに持参するというまいシステムだ。不用品がゴミにならず、こうしたショップで延命され、

新たな使い手の下で再び幸せに使われる。提供者は家が片づき、間をつないだボランティアの人々は仕事の達成感を得ることができ、さらに収益によってさまざまなサービスを受けられる人が増えるのは、喜ばしいことこの上ない。

イギリス国内に六五〇〇軒ほどあると言われるチャリティショップだが、かたや、日本では、企業が経営する大型中古品チェーン店がのしている。日本の場合、モノの延命には役立っているが、間をつなぐ人々や、恩恵を受ける人の数が随分違う。イギリスでは、一九世紀に貧民救済のため中古衣料を取り扱う救世軍の活動が始まっていたというから、その歴史は長い。チャリティショップはその積み重ねの中でブラッシュアップされた、他に誇れる仕組みである。

ロンドンには「ourgreendistrict.com」という中小企業のためのオンラインコミュニティがある。参加業種はさまざまだが、大きな特徴のひとつに、このコミュニティのメンバー同士で、オフィスや店舗で不要になったモノをアップし、必要なメンバーがそれを受け取れるという機能がある。扱っているのは什器類はもちろん、コンピュータやOA機器、事務用品など多岐にわたる。オフィス移転の度に、什器をリニューアルする景気のいい企業もあれば、そこから出てくる備品でかしこく快適な仕事場をつくる会社もある。イギリスには時代ごと、業界ごとに、さまざまな工夫を惜しまない人々がいる。

古着のリメイクによる新しい価値創造

トライド・リメイド　2009年6月

TRIAD REMADE
(Textile Recycling for Aid and International Development)

ロンドンを歩いていると、黄緑とグレーと白でデザインされた「トライド」というチャリティショップに出会う。高級ブランドには興味がなく、グローバルなチェーン展開しているファストファッションにも魅力を感じない筆者が、個性的かつ安く手に入る服を求めてたまに訪れるのがここだ。ロンドン市内に一〇店舗ほどある。

「トライド」が、古着や中古雑貨の扱いだけでなく、アップサイクルのレーベル「トライド・リメイド」を始めたのは二〇〇二年のことだ。翌年にはここの活動がイギリスの「リサイクリングアワード」で受賞を果たした。彼らの活動は環境保護や貧困の撲滅など国際的なプロジェクトを支援している。特に衣服の生産には、けっして子どもや低賃金の労働者を使うべきでないという考えが根幹にあるのだ。

彼らは、これまでの事業の中に古着のクリエイティブリユースを組み込んだ。そして、賃金の安い海外ではなく、イギリスの小さな縫製工場の手仕事によってオリジナルな服をつくり出している。そのセンスと手間に付加価値が生まれ、高く売れるようになる。現在、「トライド・リメイド」を扱うのは五店舗だが、ウェブサイトからの購入も可能になった。買い手は他では手に入らない一点モノをゲットでき、さらにここで買うことが、ささやかであっても社会貢献につながるとなれば、満足度も増す。

「トライド」への古着の寄付は店頭持ち込みの他、街角に設置した「バンク」と呼ばれる巨大な回収ボックスでも行っている。回収ボックスは、申し出れば自らホストになって設置もできる。月一度の資源ゴミの日など、なかなか古着を出す機会のない筆者からすれば、夢のようなシステムだ。実はクリエイティブリユースのプロジェクトを訪ねる旅で訪れた国々にも、こういった古着回収ボックスを設置している街はあった。ニューヨーク市もNGOと連携して、一〇室以上ある建物なら回収ボックスが設置できるようになっている。衣類の他にカーテンやタオルなどもOKとのこと。衛生や安全の管理は大変だろうが、思い立った時に、近所に持って行ける場所があるのはありがたい。リサイクル不可能な衣類は、全体の五%に過ぎないという統計もある。衣類のゴミを減らすには、回収ボックスの普及が急務である。

「トライド」では、中古の服やアップサイクル品を売るだけではなく、縫製のスタジオを設けて、その技術の普及にも努めている。いらない服や布を持ち込んで参加してもいいし、適当なモノが見当たらなければ少しの寄付と共にお店で素材を選ぶことも可能だ。消費者の意識や創造力を底上げすることによって、みんなが納得できる明るい未来をつくろうというその姿勢は、実に清々しい。

土地の文化が見えてくるアップサイクルドレス

エコエイジ *2009年6月*

ECO-AGE

ロンドンの西、ターンハム・グリーン駅とチズウィック・パーク駅の南側に、チズウィック・ハイ・ロードが長くのびる。そのちょうど中心あたりに、映画『ブリジット・ジョーンズの日記』や『英国王のスピーチ』で知られる俳優コリン・ファースとその妻がオーナーの、「エコエイジ」という店がある。リサイクル雑貨だけでなく、アップサイクルのプロダクトが世界各国から集められ、見ごたえがある。また、環境に優しい暮らしや建物のコンサルティングを行う部門もあり、この店舗自体も、太陽光発電などのさまざまな設備を体感できるショールームのようになっている。商品の展示台もリサイクルダンボールの管を積み重ねたものや、紙の筒を編み込んで構成した台など、工夫が見える。

店内には、自転車タイヤのチューブを編んだクッション、ニューヨーク近代美術館のショップでもロングセラーになっているアルミ缶のプルトップを集めて編み込んだバッグやアクセサリー、南アフリカからやってきたブリキ缶でつくった動物の置物など、リユースマニアには有名なモノも多い。

しかし、何といってもおもしろいのがイギリス発信のアップサイクル・ブランドだろう。「Goodone」や「From Somewhere」など、デザ

イン力に裏打ちされた商品は、とても魅力的だ。特にワイシャツの生地を使ったドレス類は、さまざまな柄が見事に溶け合い、個性的で、縫製も完璧だ。Vゾーンに世界一こだわりを持つ紳士の国だからこそのデザインかもしれない。大胆な柄と色の組み合わせを難なく着こなすジェントルマンの手放したワイシャツが、デザイナーのクリエイティビティを触発する。

アップサイクルのレディースドレスから、その土地で暮らす男たちのファッションへのこだわりやセンスが見えてくるわけである。シャツ生地のドレスを手にしながら、では、これをインドでつくった場合は？　さらに北欧国での場合は？　と、生まれてきそうなドレスの色柄を想像していたらなんだか楽しくなってきた。色や柄は国の文化そのもの。ジェンダー意識についても垣間見える。たかが古着、されど古着である。

不揃いでも暖かさのあるリユース什器

体験子ども博物館 2009年6月

MACHmit! Museum für Kinder

最近、海外のチルドレンズミュージアムを巡っていて、ふと気付いた共通点は、中古の家具を上手に活かしていることだろう。デザインや素材がまちまちな中古の椅子や机に、ペイントや装飾を施して利用している。どこも潤沢な予算があるわけではないので、その対策とも言えそうだが、よく見ると、もっと積極的な意味合いで古いモノを選んでいるように思う。

まずは、身近にあるモノを使って工夫する楽しさを子どもたちに伝えるため。ふたつ目に、冴えなかった什器が、修理やアップサイクルによって、手のぬくもりを感じる魅力的なモノに変化し、そのカラフルで柔らかい雰囲気が、子どもたちのスペースと馴染みが良いこと。さらに、不揃いなモノでも、集合することで一定の調和を持つこと。これは、利用者が互いの個性を尊重しながらコミュニケーションしていく難しさと喜びにも通じる。空間は饒舌だ。子どもたちは無意識であっても、それらを敏感に感じ取ってくれるのではないかと思う。

ベルリンの「体験子ども博物館」は、ゼネフェルダー通りに面した福音教会の古い建物を改修して二〇〇〇年につくられた。一九九二年に非営利のネットワークが立ち上げられ、小学校での活動などを経て、このように立派に育ったわけである。建物は七五年のリース契約が結ばれており、今後も安定的な運営が見込める。

上：新旧の要素が入り混じる元教会の空間。
右下：アップサイクルの椅子や机などの什器が並ぶ。　左下：メッシュの張られた立体迷路。

内部は、大きな教会の天井高を活かしたダイナミックで生き生きとした空間になっている。ワークショップスペースの上部は鳥小屋のようにメッシュを張った立体迷路があり、屋根裏的な空間になっていたり、大きな吹き抜けの中空に、子ども用の通路が設けられていたりする。古い教会の空間構造をそのまま保ちながら、新しい要素を大胆に加えていくことによって、歴史的な空間を多方向から味わい尽くすことができる。

壊すことなく、新旧を上手にミックスしながら、未来の空間を生み出すその手腕に拍手を送りたい。せっかくの味わい深い建物をいともあっさり壊し、ピカピカの建物を建てたり、古い什器を廃棄して、高価な什器を購入しがちな日本だが、せめて什器ぐらいはこのようなアップサイクルを行ってみれば、空間の質がぐっと変わるはずだ。

ひとつのジャンルを築いたクリエイティブリユース

DMY国際デザインフェスティバル・ベルリン 2009年6月

DMY international design festival berlin

木々の緑も鮮やかで、日の長い六月のベルリン。路上のテラス席でまったりとビールを飲みながら、道行く顔見知りに挨拶するような、ゆるいご近所感が、この街の魅力だ。その街を縦横に使って行われるデザインフェスティバルが「DMY」である。特に見ておきたいのは、これからの伸び代の大きな若きデザイナーたちが、どんな廃材をチョイスし、そのみずみずしいデザイン力によって、これからの社会をどんな方向に動かしたいと思っているかだ。

「DMY ALLSTARS」の会場で出会った作品からいくつか挙げてみよう。建物のエントランスに吊り下げられていたのはJulius Kranefussのグリーンのペットボトルを使った照明器具「NARC 01」。ペットボトルを使ったプロダクトは数多いが、禁欲的なデザインと構成力がオリジナリティを際立たせている。単一廃材が集合した時の美しさをシンプルに見せるのも、秀逸だし好感が持てる。

次はDaniel Krohの「HARD WORKING FURNITURE」だ。さまざまな使用済み作業着を使って、不思議なソファを制作している。火の粉による焼け焦げ跡があったり、擦り切れて小さな穴が開いたりした作業着をクリーニングし、ソファのマット部分にパッチワークの手法でカバーリングしている。元々付い

ていたポケットや袖、さらにつくろったステッチや焼け焦げ跡も良い風景になって、世にも楽しいソファができ上がるという仕掛けだ。テイラーメイドのプロダクトだが、こんなソファが置かれたスペースは愉快だ。一般の古着の中には、作業着や制服はなかなか混じっていないが、デザインや生地が同じ作業服は、一度に大量に出る可能性が高い。アップサイクルを考えるには良い素材だろう。

会場で作品の位置を直したり、かいがいしく動いていたのがLise El Sayedだ。彼女が素材として選んだのはカーペットだった。「TAPIS TONGS」と名付けられており、ある時はカーペット、鼻緒をつまんで外せば草履になるというユニークなしろもの。使わなくなって行き場を失うラグは結構あるが、切り刻んでゴミに出すよりも、再生の道があるならば、その命を長らえさせてあげたい。

「LUNA design company」は、南アフリカのケープタウンのホームレスの人々が集めた廃木材を額縁に仕立てている。ところどころペンキのはがれた古い木は味わい深く、集合体になっても互いによく馴染む。

もうひとつの大きな会場「DMY YOUNGSTARS」には、大学生たちの作品が並べられていたが、ここでもクリエイティブリユースが、ひとつのジャンルとして築かれていた。

レジ袋から生まれたインクルーシブデザイン

poRiff 2009年10月

poRiff

「水都大阪二〇〇九」には、クリエイティブリユース系とでも言えるアーティストやデザイナーが集結していた。それぞれのブースで展示のみならず、参加者を募るワークショップも行われており、中之島は大変な賑わいだった。

その中に、以前からずっと気になっていた「poRiff」のコーナーがあった。「poRiff」はレジ袋や、梱包用のエアキャップシートをコラージュし、熱を加えて圧着してでき上がる素材の名前だ。ポリエチレンの「poly」と、繰り返すという意味の「riff」を合わせた造語とのこと。元々は大阪は岸和田の精神障害のある人々が通う地域活動センター「かけはし」で始まったものだ。心と心のかけはしになるために、クラブ活動や喫茶コーナーの運営、食事サービスなどを行いながら、仲間づくりや気軽なおしゃべりを楽しめるように工夫している。利用者はもちろんのこと、その家族に対しても自立や社会復帰を支援している。メンバーとスタッフが身近な素材で、作業所発の製品をつくることはできないかと考えて生まれた。レジ袋といえば、おおよそ白をイメージしがちであるが、集めてみるとカラフルで、こんなにあるんだ！　という意外な発見が感動を生む。

スタッフに話を伺いつつ、実際に自分でも手を動かして、その不思議な素材を扱ってみることにした。カラフルなシートは見ているだけで元気が出てくるようだ。好きな形に切って思い思いに並べていくあたりで、それぞれの個性が生まれてきて実に楽しい。文字やマークの印刷された部分が思わぬポイントになるのもオシャレだ。半透明なので色の掛け合わせを楽しむこともできる。重ねて圧着すれば、かなりの強度のシートになる。カサカサした肌合いは、元が何だったかわからないくらい独特な風合いを醸し出す。

そのちょっと珍しい素材に関心を示したのが、「ハコプロ」という、障害のある人たちの表現から生まれる「ふしぎかわいい雑貨たち」との出会いをつくるクリエイティブ集団だった。アートジャーナリストとして活躍する山下里加さんが代表を務める「ハコプロ」と大阪市立デザイン教育研究所が協力し、試作を重ねたり、ワークショップの開発を行ってきた。二〇一一年からは藪内都さんがｐｏＲｉｆｆ代表としてディレクションを開始しており、福祉施設に定期的に通いながら中間支援を行っている。基本的に作業はすべて障害を持った人たちで担い、その売上げは彼らへフィーとして支払われる。ウェブサイトには最近のアイテムが掲載されている。トートバッグ、ブックカバー、カードケース、通帳ケース、パスケース、しおりなどがあり、いずれも抽象絵画のようでモダンだ。

スーパーから荷物を運ぶ時には便利に使われるが、あとは見向きもされず、ゴミ袋として焼却の運命にあったレジ袋が、インクルーシブデザインの水先案内の役割を果たしている。

「水都大阪」の夜の会場では、光を透過したシートがいっそう華やかに見えた。

サッカーシューズから生まれたプロダクトとアート

KOSUGE1-16 *2009年10月*

KOSUGE1-16

「水都大阪二〇〇九」で、回収した古いサッカーボールやスパイクシューズをさまざまなモノにつくり直す「スキンプロジェクト」を展開していたのが「KOSUGE（こすげ）1-16」というアーティストユニットの土谷亨さんと車田智志乃さん、さらに靴郎堂本店さんによるチームだ。

「KOSUGE1-16」は、これまでも地域のさまざまな事象を発見し、それをポジティブに読み替えていくというアートプロジェクトを続けてきた。巨大サッカーゲーム、お祭りの山車、ダンボールでつくる「どんどこ巨大紙相撲」などが、全国で実施されており、いずれも子どもから大人まで多くの参加者を集めている。

「水都大阪」の「スキンプロジェクト」のワークショップゾーンには、役目を終えた靴やボールなどのサッカー用具が膨大な量積み上げられ、スポーツの世界から縁遠い人間にも、日々廃棄物が大量に出ていることが実感できた。現在、日本では老若男女問わずサッカー人口が増える一方だ。プロアマ問わなければプレイヤーは九五万人以上というからすごい。サッカー連盟はさらにサポーターなども含めファミリーとしてサッカー人口を増やしていきたいと考えていて、チーム数は全国で二万八千以上にもなる。サッカー選手は年間二~三足を履きつぶすとのこと。思えば、意外な分野にクリエイティブリユースの素材が豊富に眠っていた。それどころかコンスタントな供給も可能だ。

「スキンプロジェクト」は、自らサッカーの現場に出向き、靴磨きの講座を実施したり、一緒にプレーヤーたちとリメイク作業を行う。集まったシューズは解体、洗浄、乾燥の後、パーツごとに仕分けられ、晴れて素材となる。この作業がなかなか重労働とのこと。「ＳＯＬＥ ＳＯＵＬ」は古いシューズのソール部分を活かしてサンダルに、「Ｕｐｐｅｒ Ｓｏｕｌ」は逆にシューズのアッパー部分を利用して小物に、というものだ。

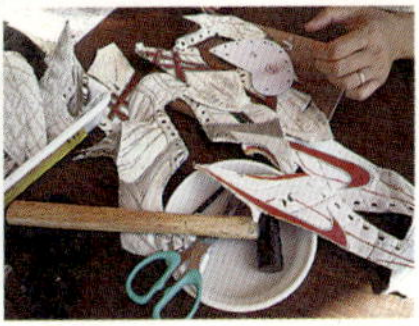

オリジナルのサンダルや、財布、キーホルダー、バングルなどをつくるワークショップは人気で、筆者も参加してみた。色とりどりのパーツの中から好みで選び、組み立てていく作業はウキウキする。思わぬ形やカッコいいロゴを見つける楽しみもある。結局、つくってみたビーチサンダルのようなビギナーズモデルの履き心地はいまひとつだった。が、グラウンドで一生懸命戦ってきたシューズの一部に、こうして見ず知らずの人の手で新たな命を吹き込まれることに感じ入ると共に、消費という大きなサイクルに思いを馳せることになったのは良かった。このサンダル、実はホールディングの良いクラフツマンモデルもあり、いくつかの美術館のショップでも販売されている。男っぽさが魅力の一点モノのアップサイクルクラフトだ。

廃材を使った出張パーティ

イーストベイ・デポ・フォー・クリエイティブリユース　2009年11月

THE EAST BAY DEPOT for CREATIVE REUSE

サンフランシスコから海を越えてバークレーに向かうBARTの線路は、「イーストベイ・デポ・フォー・クリエイティブリユース」のあるマッカーサー駅で、バークレーのあるリッチモンド方面とピッツバーグ／ベイポイント方面に分かれる。列車に持ち込んだ自転車を颯爽と漕いでいく人を見送りながら歩き出す。五分もすると目指す建物が見えてくる。朝一番だったので、入口脇にはまだ廃材が積み上げられていた。これらも今日のうちに仕分けられて、並ぶのだろう。ここは週七日オープンの無休というからすごい。午前一一時から午後六時まで開いていて、寄付は午後五時までとのこと。

オープンと同時にパラパラと人が入ってきて、モノを探し始めた。見るとアート作品や工芸作品に使えそうな素材や道具も沢山置いてある。他では見なかった本格的な織り機やミシンなどがあるのも、ここが教師とアーティストにターゲットを絞っていることの表れだろう。奥の部屋には季節の飾りがまとめて置かれていた。筆者が訪ねた時には、クリスマス関連のデコレーションやツリーがところ狭しと積み上げられていた。また壁面には、クリエイティブリユースのアイデアをかきたてるようなアーティストやデザイナーの手による作品も飾られている。

「デポ」の活動の歴史は古く、教育予算の先細りを憂えたオークランドの公立学校の教師ふ

たりによって一九七九年に設立されている。廃材は有料だが、教師やエデュケーター向けに、一〇%の割引がされる。教師のための資料コーナーには、授業の参考となる本や、アイデア集が沢山ファイリングされていた。

ここが行っているアウトリーチプログラムとして、地域の学校はもちろん、図書館、お祭り、個人的なパーティへもアーティストとプログラムを派遣している。海外のチルドレンズミュージアムでは、「子どもの誕生日パーティをミュージアムで!」というサービスを行っているところも多く、なかなか人気がある。料理はピザ、飲み物はアップルジュース。沢山の風船が飾られ、帽子を被って、さまざまなアクティビティにたっぷり参加できる特別感がある。「デポ」が行う出張サービスというのはとてもおもしろい目の付けどころだと思った。見たこともない廃材と共にアーティストが家にやってきて、みんなでワイワイ手を動かしながら、クリエイティブリユースのワークショップ

廃材が入口脇に積み上げられている。

を行う。なんて粋なプランなんだろうと思うがいかがだろうか。飲食を共にするのも仲良くなる秘訣だが、ものづくりを一緒にすることにも同じような効果がある。新しいパーティのかたちが発信されているのだ。

まずは廃材を手に取ってみること、そうしてそこでの気付きを次のステップに役立てること。教師やアーティストが、デポでそういった試行錯誤を気軽に行えることが、結果的に子どもたちのためにもつながる。

リユースの情報プラットフォーム

エコ・センターとリユース・ラボラトリー 2009年11月

ECO CENTER & THE REUSE LABLATORY

サンフランシスコ市立図書館でサンフランシスコ初期のパンクムーブメントを紹介する小さな展覧会『PUNK PASSAGE』が開かれた。写真の他に、当時のフライヤー、レコード、ピンバッジなどさまざまな資料が並ぶ。

その帰りがけ、図書館の向かいに「エコ・センター」があることに気付いた。近づくと古いケトルを積み重ねたオブジェや小物のコラージュなど、廃材を使ったアート作品がいくつも見える。早速入ってみることにする。ここでは、ゴミ関連のグラフィカルな展示がある他、環境に関してのセミナーやイベントを頻繁に開催している。特に学校やコミュニティとの連携で行うプログラムに力を入れている。テレビ、ソファ、乾電池、油性塗料、溶剤、農薬や肥料、燃料、接着剤など、日常の生活の中で、住民が処分に困りがちなゴミに対して、回収サービスの紹介も行っている。それをお知らせする啓発用のカードのデザインが洗練されていることにも感心した。

また、ここはさまざまな情報のプラットフォームにもなっている。廃材をできるだけ活用するため、市民にクリエイティブリユースのプロジェクトへのアクセスを勧めている。代表的な「スクラップ」(67頁・125頁)をはじめとして、無料のやり取りが原則の「The Freecycle Network」、建物や造園系の「Building REsources」、缶詰や冷凍食品などを扱う「サンフランシスコ・フード・バンク」など、ネットワークの範囲はとても広い。フー

「エコ・センター」とその展示。

ドスタンプが大量に必要な国で、余剰食品のリサイクルが勧められているのには複雑な思いがする。しかし、だからこそ、もっとみんなで食べ物を分かち合っていこう、食料を大切に扱おうという考え方が生まれるのかもしれない。

ここで見つけた「リユース・ラボラトリー」に回ってみることにした。ちょっとおしゃれなガレリアの一階に、クリエイティブリユース関連の書籍などを備えたラウンジができ上がっていた。ここでもアップサイクルのワークショップやイベントなどを行うという。興味深い中古の本があったので、サンフランシスコ滞在中に探してみようと思う、とスタッフに伝えたら、わざわざインターネットでユーズド本の検索をして、次の日メールで結果を教えてくれた。ヒトとヒト、コトとコト、モノとモノの間をつなぎ、さらにそれらがうまく循環するように配慮するラボのスタッフの親切に心打たれた。

美術教師に提供するための廃材

スクラップ・サンフランシスコ　2009年11月

SCRAP　SAN FRANSISCO

一九七〇〜八〇年代にかけてアメリカは悪い物価上昇、いわゆるスタグフレーションに陥った。七六年、そんな金融危機のさなか、サンフランシスコの公立学校の美術の教師のために、画材としての廃材活用を推し進めるこのNPOが設立された。布、紙、木、ビーズ、ボタンをはじめとして再利用可能な材料を収集し、教師や非営利団体のためのものづくりの素材として提供している。

現在の拠点は市の中心地から南の、空港方面へ行った地区にある。ここに至るまで、いくつかの場所を移転してきた。鉄道駅からは離れているので、市内からバスで訪れることになる。バスに乗り込むと、ほぼ黒人とヒスパニック、中国系の人々で車内は埋まっていた。数人いた白人もバスが進むにつれて降りていき、だだっ広い道路の両脇に大きな倉庫や工場が立ち並ぶ風景が見えてきたら「スクラップ」のあるベイ地区だ。

バスを降りて、カラフルに塗り分けられた倉庫を目指す。約五〇〇平米近い倉庫に足を踏み入れると、モノ、モノ、モノの洪水だ。ここには年間二五〇トンもの廃材が入ってくるというからすごい。日々新しいモノが加わっていくので、訪れる度に風景が変わるだろう。扱わ

れている廃材の種類は広範囲にわたり、しかも家庭からの寄付も受け付けているので、こまごましたモノも含まれている。その分、廃材を探し回る楽しみは無限大である。他ではあまり見なかった、映画フィルムの入ったロール缶や写真のスライドや紙焼き、大量のレコードなどはサンフランシスコの地域性を感じさせる。また布類も大量にある。ロール状の幅広の布は、何にでも使えそうだ。布は一見柔らかで軽やかだが、ロールでは重くてかさばる。そこで、短くカットされたものやサンプルなど、布の仕分けや整理分類にはボランティアが大活躍している。彼らの手間なくして維持はできないだろう。

　廃材寄付のガイドラインはウェブサイトにも示されていて、個人からのどんな少ない寄付も歓迎している。美術教師のために発足したプロジェクトらしく、筆や絵の具、染料、紙やすりなどの受け入れがある。また、松ぼっくり、ドライフラワー、貝殻、羽根など自然の素材もリストアップされており、どんな授業を行うかがイメージできる。さらに、素材の提供だけではなく、教師のためのワークショップも充実しており、廃材を使った授業や、カリキュラムにつながるプロジェクトの提案も行われている。ワークショップの参加費は約一五ドルと低価格で、参加は教師の研修としてカウントされる。教育現場とのダイレクトなつながりに、発足当時から四〇年近く活動を続けてきた歴史の重みと、活動への信頼を感じる。

「スクラップ」はその仲間を増やすことにも積極的で、スタートアップへのアドバイスも行っている。活動に興味を持った個人や団体が、どのようなステップを踏んでクリエイティブリユースの拠点を整えれば良いか、丁寧にサポートしている。シンプルな理由からスタートして、それをずっと保ったまま長く活動を続ける。その陰に苦労も多かっただろうが、利用者との信頼関係がそれを乗り越えさせたのだろう。

世界に羽ばたく韓国のチャリティショップ

エコ・パーティ・メアリーと「美しい店」 2010年5月

ECO PARTY MEARRY & BEAUTIFUL STORE

「美しい財団」が二〇〇二年に設立した「美しい店」というチャリティショップは、韓国国内で既に一〇〇店舗以上展開され、認知度はすこぶる高い。二〇〇八年には事業の拡大と専門化のため、それぞれが発展的独立をした。ショップのマネージャー一～二名以外は、八千人ものボランティアで運営されている。数年前には、韓流スターが兵役の一環としてこのプロジェクトでリサイクル品の仕分け作業を行ったニュースも流れていて、そんな話題も寄付文化の促進に一役買っているに違いない。

筆者が訪れたのは、記念すべき第一号店が二〇〇八年に新しく移転した場所で、ソウルの地下鉄の安国駅のほど近くである。明るくてきれいな空間デザインにカフェの併設など、開放的なスタイルで、前年に訪れたイギリスのチャリティショップのイメージとも重なり、世界中でリユースの新しい拠点が急激に増えていることを実感した。この「美しい店」の売り上げは年間一〇億円以上というから、その実力は推して知るべし。カフェのコーヒーはフェアトレードで、と徹底している。

ここに集まってくる「誰かに必要でなくとも、誰かには必要なもの」の中から、流通しにくいモノをアップサイクルして、新たな価値を持たせ、販売するのが「エコ・パーティ・メアリー」だ。「美しい店」の一部門であり、専属のデザイナーもいる。店名の最後についている「メアリー」

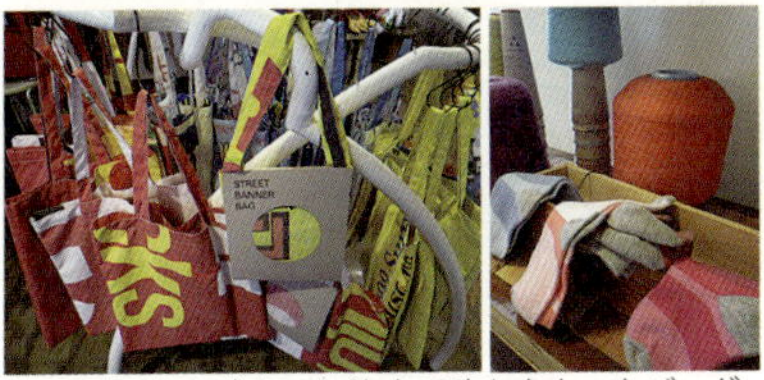

左：商店街のバナーを仕立て直したトートバッグは、雨風にさらされた布の風合いが好ましい。

は、韓国語で「こだま」を意味する言葉とのこと。

ここのプロダクトを見ていこう。たとえばネクタイ。どこの家庭にも、くたびれたり、流行遅れの幅広や極端に細いニットのネクタイが、所在なさげにクローゼットにぶら下げられているはず。仕事の戦友でもあったネクタイは、持主の苦労や思い出が残っているので簡単には捨てられない。しかし、流行遅れの彼らはチャリティショップでも居残り組だ。そんなネクタイを鳥のぬいぐるみの羽に使っている。よく見ると確かにネクタイだけれど、リボン結びにされたそれは、柄や素材感がなんとも良い具合だ。秀逸なパッケージに収まった姿は立派なギフト商品となっている。また、背広とワイシャツとネクタイのVゾーンがそっくりそのままのバッグはユーモラスだ。ノートは、規定のサイズに裁断した時にあまりが出てくるが、それを細長いメモ用ノートとして再利用しているのも、目の付けどころがいい。

二〇〇九年にはニューヨーク近代美術館のショップでの販売も始まり、さらに二〇一二年九月にはロサンゼルスに店舗を設けるなど、その快進撃からは当分目が離せない。

古着を存分に使うことで見えてくる世界

ことばのかたち工房 2010年10月・2011年1月

FORM ON WORDS

「ことばのかたち工房」とは、アーティスト西尾美也さんが練馬区立東大泉児童館の子どもたちと行った三年間のアートプロジェクトの名称である。その後、おかざき世界子ども美術博物館と東京・神田の「3331 Arts Chiyoda」で行われた『えとことば展』でも実施された。

このプロジェクトは、街で働く人々に仕事着に関するインタビューから始まる。そこですくいとった「ことば」は参加者である子どもたちに手渡される。そして、子どもたちは、ふんだんに用意されたありとあらゆる古着を使って、その「ことば」をイメージし、身にまとう「形」をつくり上げる。古着は解体され、つなぎ合わされ、見たこともないような体を覆う作品に変化していく。最後に、インタビューに答えてくれた人々にでき上がったそれぞれの「ことば」に呼応する作品を身に付けてもらい、写真を撮影する。街の人は、普段身にまとっている自分の服と、自分が発した言葉のイメージからつくり上げられた服の差異を、見るだけでなく、実際にまとうことによってリアルに感じることができる。インタビューと

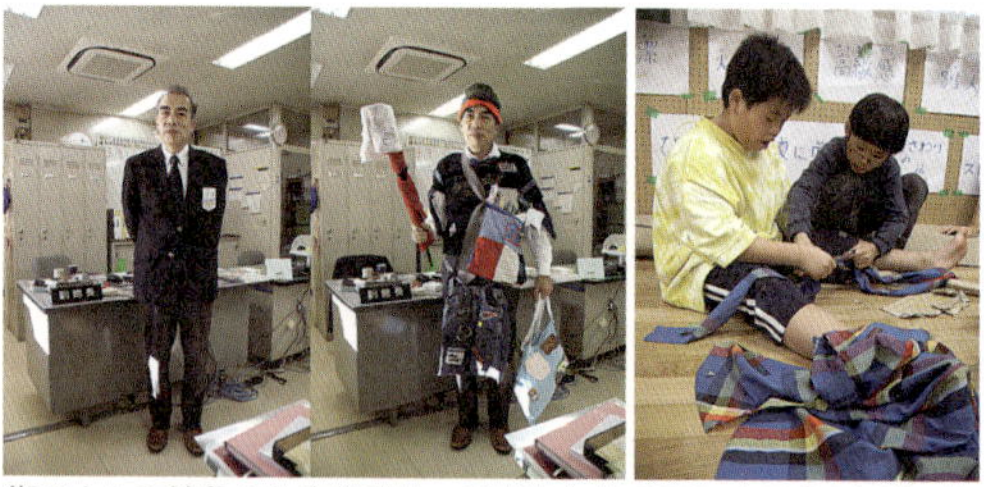

街の人々の普段の仕事着姿と、子どもたちの手による「ことば」から紡ぎ出された形をまとった姿。その対比を見ることができるのは実に興味深い。

いう受け身の形であった自分が、つくられたモノをまとうことで、知らず知らずのうちにプロジェクトのいちメンバーになっているのもおもしろい。子どもたちは、自分たちの制作のよりどころとなった「ことば」の向こう側にいる街の人の日常の姿と、互いのイメージが重なり合ったモノを身にまとう新たな姿の両方に出会えるわけである。大きな驚きがあるだろうことは想像に難くない。生真面目なおじさんたちが、自由でファンキーな作品をさらに生真面目に着こなす姿も微笑ましいが、地域の中で言葉とイメージと古着という素材が、何の制限もなく行き交う様子に、このプロジェクトの魅力があると思う。惜しげもなくハサミが入れられること、それを着ていた人に思いを巡らせることができること。色や形や質感の多様性など、このプロジェクトの縁の下の力持ちは、現場に集められ、無造作に放り出された沢山の古着たちである。

「ことばのかたち工房」は、二〇一一年に「FORM on WORDS」というファッションブランドに発展し、ウェブサイトでの販売なども手掛けるようになった。二〇一二年一〇月には、アサヒ・アートスクエアで複合型イベント『ネクスト・マーケット「ジャングルジム市場」』を開催し、「ことばのかたち工房」のプログラムを、今度は浅草というものづくりの街から生まれる商品の再解釈と再構築に活かした。そこでは、子どもたちが制作した新たな商品が実際に販売された。

公立学校に特化したサポート活動

スクールハウス・サプライーズ 2008年6月・2011年10月

SCHOOLHOUSE SUPPLIES

ポートランドの中心と空港を結ぶ電車MAX RED LINEのNE 82nd駅で降りる。ここは無人の駅だ。ホームの上には二一三号道路が走っていて外に出る階段を上がると、すぐにバス停がある。そこでは、一〇数人が所在なさげにバスを待っていた。ヒスパニック、黒人、アジア系の住民ばかりで、バスが時刻表通りに来ないため、みんな苛立っている。ここにいるのは車を持てない人たちで、目の前をブンブンと自家用車が通り過ぎていく。予定がある人にこの状況は辛いだろう。

やっと姿を見せたバスは思いの外混んでいたが、運行が乱れているのだからしかたない。乗ったバスの中には生活の疲れの澱のようなものがそこはかとなく漂っていて、みんな押し黙って暗い表情だったのが印象に残っている。アメリカでは白人世帯の資産が黒人世帯の二二倍、ヒスパニック世帯の一五倍に達しており（米国勢調査統計より）、車社会はその格差をまざまざと炙り出す。クリエイティブリユースの拠点は低所得者層の生活区域内にあることも多い。筆者が訪れたのは「オキュパイ・ウォールストリート」旋風が吹き荒れていた頃で、ポートランドの公園も占拠され、学生やホームレスの人々が訪問者たちと対話していた。

「オキュパイ・ウォールストリート」の波はポートランドにも。

前回歩いていた時には、歩道で黒人の家族の大喧嘩に遭遇した。ちょっと荒んだ光景に心折れそうになったが、場所を尋ねた黒人の高校生がプライドに満ちた表情で親切に教えてくれて、幾分気持ちが癒されたのを覚えている。彼にとってここは人に自慢できる場所なのだろう。

「スクールハウス・サプライーズ」は、オフィスから出る不要な文房具類などをポートランドの公立学校に無償提供するNPOで、現在は高校の敷地内にそのストア兼事務局がある。設立は一九九九年。二〇〇〇年には中学校の教室の中にフリーストアが設けられ、二〇〇一年には現在の場所に移転した。すべての子どもが学用品を持ち、質の高い教育を受ける権利を有するべきだという信念にもとづいている。

中に入ると、きちんと整理された棚に、ファイル、はさみ、ノリ、消しゴム、マーカー、ゴミ箱、マグカップ、鉛筆、クレヨンなどの他に、ファイルや紙類、バッグパック、学習キット、本棚には教科書やワークブックなどが並んでいた。背表紙を見るとスペイン語が圧倒的に多い。壁には、この活動をサポートする企業の名前がずらりと掲げられている。寄付は現金とモノの両方で行われており、それらは税控除の対象となる。壁脇にはスーパーマーケットのようにカートが並び、先生たちはそれを押しながら買い物をしていた。

受付に一〇人ほどの団体がやって来た。聞けば「NIKE」の社員だという。NIKEはポートランドに本社があり、彼らは一日ボランティアとしてやって来たのだ。その日は運び込まれて来るモノを分類したり、データの入力などさまざまな業務を担うとのこと。レポートにはボランティアの人々が働いた時間もカウントされ、きちんと公表されている。とても良いアイデアだと思った。

企業の社会貢献活動が、廃材（モノ）の提供だけではなく、ヒトの働きやお金など、きめ細かく多角的に行われているところに企業自身のポリシーがある。そこには、地域全体で子どもを育てるという確固たる信念が感じられる。移民であろうと低所得者の子どもであろうと、みんなに教育のチャンスが与えられるべきだというアメリカらしい精神が行動で示されている。

沢山の文房具や教科書などが並ぶ。

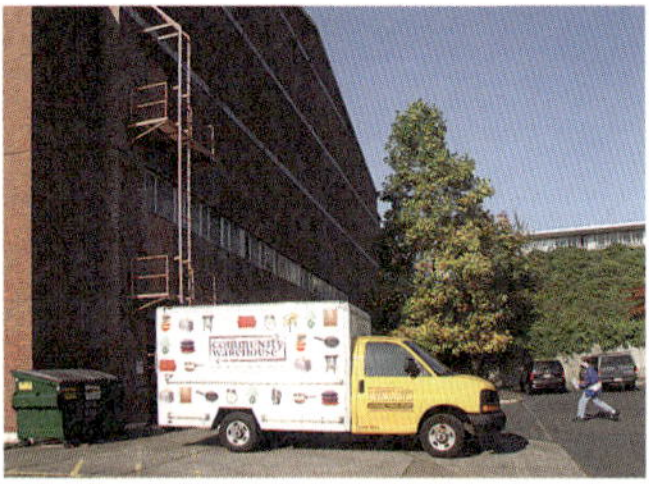

体育館のような巨大な建物の中にある。

歴史ある小学校校舎の再活用

マックメナミンズ・ケネディ・スクール 2011年10月

MCMENAMINS KENNEDY SCHOOL

旅行情報サイト『世にも奇妙な米国の宿トップ一〇』で、堂々の一位に輝いたポートランドの「マックメナミンズ・ケネディ・スクール」。ここはその名の通り八二年の歴史を持つ古い小学校を一九九七年に改修したホテルである。立地が良く、幾世代にもわたる住民たちの思い出が詰まった校舎は、地域資源としても利用価値が高く、地元でもピカイチの認知度を誇る物件だ。黒板の残る教室にアンティークの家具を置いて客室にしており、ノスタルジックな雰囲気が逆に新鮮だ。長く続く廊下を歩いていると、自分が部屋に帰っているのか、授業に急いでいるのか、ふとわからなくなる。改修といっても手を入れ過ぎず、学校の雰囲気を保ったままであるところが、他との差別化の効果を生み、魅力になっているのだと思う。

中庭を望むレストラン、講堂を改装した映画館、劇場、体育館、ビールの醸造所。さらに趣の違う四つのバー（ボイラー室はスチームパンクな雰囲気のバーだった）や、プールに図書室。設備と広さは、ホテルとしても公民館としても十分に通用する。廊下にはかつての生徒の作品が掛けられ、片隅には昔の授業風景を撮った写真や生徒の手紙など、記憶の断片が並べられている。古いが、枯れた感じではない。

宿泊だけでなく、コンサートやコミュニティの集まりなどにも活発に使われている。休日には家族連れでおおいに賑わう。宿泊したのはちょうどハロウィーンを控えた週末だったため、ホテル内は思い思いのコスチュームに身を包んだ人たちがうろうろしていて、ほのぼのとした雰囲気だった。子どものためのコンサートは予約の段階で満員になってしまっており、楽しみにしていた筆者はちょっとがっかりだった。

ここは民間のパブグループが経営している。街の記憶や子どもの記憶を、今と未来へつなぐための再活用法に感心した。各地で使われなくなった校舎が増え続ける日本にとっても、ひとつの良き参考事例になるだろう。

市の文化局が手掛けるクリエイティブリユース

MFTA 2011年10月

MFTA (Materials For The Arts)

以前から行きたいと思いながら、なかなか叶わなかった場所についに出かけるチャンスが巡ってきた。ハロウィーンの日の夜にニューヨークに入り、次の日、地下鉄でクイーンズ地区に向かった。地震かと思うほどガタガタ揺れる39 th AVENUEの高架駅で降り、引き込み線が大きく横たわる跨線橋の手前まで歩くと、大きな古いビルの道際にフードスタンプの配布を待つ人々の長い列があった。それに気を取られながら進んでいたが、「MFTA」はそのビルの三階にあることを思い出し、入口のある表通りまで引き返した。

四人家族の総収入が月約二五〇〇ドルを下回る人々がもらえるフードスタンプだが、これでひとりあたり一万円分の食糧を購入することができる。スーパーの入口などに、スタンプが使用可能かどうかのステッカーが貼ってある。寒い中、暗い表情でひたすら支給を待つ人々を見ると、まさにその時盛り上がっていた「オキュパイ・ウォールストリート」が、リアリティを持って感じられた。二〇一三年現在、全米で四七〇〇万人超の人がスタンプを受給しているという。子どもの貧困や若者の失業が問題となっている日本にとっても、他人事ではない。

そんなサービスを行う部署と同じ建物に入っている廃材プロジェクトだが、振り返ってみれば、これまで訪ねた沢山のクリエイティブリユースの建物も、おおよそ半分は、生活に困窮する人たちが多く住むエリアに建っていた。クリエイティブであることは一%の人たちだけのものではない。九九%の人たちの参加と共同の中で、既にあるものを共有し、クリエイティブに使っていくことが大切だと思う。

エレベーターで三階に着くと、ギャラリー風の廊下の先に「IKEA」の倉庫のような巨大空間が出現した。両脇に仕分けられた廃材が並ぶ。布、陶器、紙、塗料、シート、金属部品、服飾雑貨などなど。大きなショッピングカートをとり回しながらモノを選ぶ人々があちこちに見える。はやる気持ちを抑えながら受付に行くと、ガイダンスルームに案内された。そこでは「MFTA」のプロジェクト概要を短く編集した動画が流されるのだ。なるほど、まずは全体を把握してからということだ。これまで訪ねたプロジェクトにはなかった親切な仕組みだ。

ちょうど映像が終わった頃を見計らってスタッフがやって来て、オフィスにいる館長のハリエットさんに引き合わせてくれた。彼女はデータを筆者に見せながら、このプロジェクトに参加しているメンバーの企業や博物館・劇場が約四二〇〇もあることを説明してくれた。さすが大都会、動きも活発だ。たとえばアメリカ自然史博物館はそのメンバーであり、かつ廃材の提供者でもある。そんなケースも多い。クレヨンの「クレヨラ」は、毎年恒例のイベントで使う自社製品を、その終了後にごっそり提供する。ニューヨーク近代美術館のショップでだぶついたマグカップが提供されることもある。リストには有名どころがずらっと並んでいて、ニューヨークという街の底力を見せられた。メンバーになった人たちは無料で廃材をもらい受けることもできる。商業的な活動ではなく、公的な活動をするさまざまな機関、NPOや学校、劇団などの芸術団体が、お金の心配なく、ふんだんにこれらの素材を使うことができるのは、どんなにうれしいことだろう。

館内には仲良く三人連れだって、授業の準備に余念のない美術教師たちがいた。紙の束と、赤いTシャツやロールになったリボン類を山のようにカートに積み込んでいた（5頁）。どんなことをするのか聞いてみたら、Tシャツのシルクスクリーンプリントに挑戦するとのこと。

廃材の量と質に驚きながらフロアを回っていると、またスタッフが筆者を呼びに来た。学校からやって来た子どもたちのワークショップへの誘いだった。ワークショップルームへ行くと、画工の先生に連れられた二〇人ほどの子どもたち相手にエデュケーションスタッフがプログラムを進行させている。子どもたちはこの後、学校に戻って巨大なパペットとの絡みを演じるらしい。

その部屋の外にはこれまで行われたプログラムでつくられたさまざまなオブジェが飾られている。美術の授業でつくったのではなさそうなモノまでぶら下がっていた。実は物理や数学な

ど、他の教科でもここの廃材が大活躍するらしい。カラフルな廃材を使いながらモノの原理や、法則を学ぶのは楽しいに違いない。筆者も、こんなふうに数学を学んでいれば何か世界が広がったかもしれないなー、と思った。

ニューヨーク市も教育の予算が年々切り詰められている。そのため、逆にここの利用率は五年間で四〇%以上、上昇している。行政も予算を付けられないならば、それに代わる方法を何としてでも見つける。そして維持の方法を考え、努力を惜しまない。館長のハリエットさんも忙しい仕事の合間を見つけては、身軽にフロアに出てスタッフと共に廃材の整理を行っている。そんな姿を見ていると、いかにも働くことを楽しんでいるのがよくわかる。

筆者が「ここが今まで見たプロジェクトの中で一番好きだし、私もここで働いてみたい!」と言ったら、「そう、私もここが大好きなのよ!」と笑顔で答えてくれた。毎日いろんなモノが入ってきて、それらを分かち合うみんながハッピーになれる場所だから、当然かもしれない。クリエイティブリユースのプロジェクトの多くはNPOなどが行っているが、このように行政の事業として行うことも、パワーと組織力の面で有効なのではないだろうか。

武装解除からクリエイティブリユースへ

TAE 2012年6月

TAE (Transformação de Armas em Enxadas)

地球上にはどれくらいの銃が存在するのだろう。紛争地域にはもちろんのこと、一見平和に見える国にも、おびただしい数があるに違いない。罪のない人々が命を落とす度に、銃規制の声が上がっても、なかなか減っていかないのはなぜだろう。われわれは今後、銃をはじめとした大量の兵器をどうするのか。これは、世界中の人々に突きつけられている問いである。

アフリカのモザンビークではポルトガルからの独立運動後、一九七七〜九二年まで、長い内戦が続き、一〇〇万人もの死傷者が出たと言われている。また、武装ゲリラが子どもを誘拐し、少年兵に仕立てるというあまりにも悲しい歴史があった。そんなモザンビークに九五年、ディニス・セングラーネ司教によって設立されたのが

フィエルドス・サントス による「椅子」(2010 年)。

ディニス・セングラーネ司教と、銃の十字架。

「TAE」だ。この組織は、国内に七〇〇万丁もの銃がいまだに存在している現実を踏まえ、「銃を農具に」というスローガンの下、一〇年間で八〇万以上もの武器を収集し、無用化するプロジェクトを実施してきた。武器庫にあった五〇〇〇丁の銃をトラクターにしたり、あるいはインフラ整備との交換など、住民たちの武装解除のプログラムを、銃から農具・自転車・ミシン・大工道具という平和の道具に変換していくというユニークな方法を採用している。それだけではなく、教会への礼拝の際に、子どもたちがおもちゃの銃を持って来れば、平和なおもちゃと交換している。そして九七年には、モザンビークの芸術団体の協力により、首都マプトで収集された銃を分解し、素材として使ったアートが生まれた。そこでは、内戦期間中、少年兵として駆り出されていた人が制作に携わっている。精神的にも肉体的にも深く傷ついた彼らが、作品をつくることによって、その負の記憶を乗り越えようとしている。

二〇〇二年には、ロンドンのギャラリーで、銃でつくられた作品が展示され、さらに「ライブセイ・ミュージアム」（一九七四年開館のロンドン初のチルドレンズミュージアム。現在は閉館）でも銃やナイフのおもちゃや交換プログラムが実施された。そこには、おもちゃを製造する側にも、銃などの武器に対する依存性があるのではないか？ではそれを変換するには、どうすれば良いのかを考えさせる意図も含まれている。

日本でも、モザンビークで武器と放置自転車の交換を行ってきたＮＰＯ愛媛グローバルネットワークがあるが、彼らはこれらのアート作品を平和学習のキットにする予定だという。このように、モザンビークの廃棄された銃を使った作品は、国境を超えて国連やブリティッシュ・ミュージアムなど、世界な各地で展示されている。日本アフリカ学会が日本国立民族学博物館で開催した国際シンポジウム『アートと博物館は社会の再生に貢献しうるか?』(二〇一二年)では、ディニス・セングラーネ司教自身から報告があり、作品も展示された。

また、二〇一三年七月から一一月にかけて同博物館で企画展『武器をアートに──モザンビークにおける平和構築』が開催される。それに際して博物館では吉田憲司さんを中心にフィールドワークが行なわれ、武器アートが収集された。

生活から出る廃材、工業製品をつくる際に出る端材、あるいは役目を終えた道具という分類の中に、武器や銃までが含まれるか否かの議論はあるだろうが、世界の現実に目を向ければ、それらが存在することは紛れもない事実だ。銃を溶かして別のモノにつくり変える他に、あえてその過去の姿を部分的に残し、平和な未来を築くためのシンボルとしてアート作品にする。これもひとつのクリエイティブリユースのあり方ではないかと思う。

クリエイティブリユースをプロの仕事にする

トゥータ.　2011年7月

TOUTA.

車で渋谷方面に向かう時によく使う抜け道から、少しそれたところに目指すアトリエはあった。住宅地の中の自宅の地階に、布のアップサイクルでプロダクトを生み出している「ｔｏｕｔａ．」がある。アトリエの近くにはかわいらしいショップもあり、ピンクに塗られた壁がパッチワークの製品を引き立てている。

ここの製品として有名なものに布ナプキンがある。肌に触れる側には柔らかなオーガニックコットンを使い、外側には古着の端切れをあしらったナプキンは、隅々まで気を遣った丁寧な縫製とカラフルな楽しさで、女性たちの熱い支持を受けている。オーガニックマーケットや、ナチュラルな製品を扱うセレクトショップなどでこの布ナプキンを目にする人も多いだろう。代表のユーゴさんは、子育てをする中で、衣服をシーズンごとに使い捨てしていくサイクルに疑問を持ち、子どもの服づくりを始めた。五年間の子ども服づくりを経た後、「ｔｏｕｔａ．」を設立。古着を利用した布草履や、Ｔシャツワンピースづくりをスタートして約一〇年。当初は古着屋さんからひとまとめ二万円で購入していた材料も、今では一般の人々から集められるようになった。

しかし集まってくる布や服はアクリルが多く、ウールやカシミアは虫食いになったモノも含まれているとのこと。数年前に「ネオパッチワーク」と名付けた端切れを縫い上げる服や小物

「touta.」の製品は大らかで楽しい。色のバリエーションも豊かで、もちろんすべてが一点モノだ。根底には女性の身体に対する慈しみというテーマが横たわっている。手足を冷やさないようにするためのアームカバーやソックスも、「ネオパッチワーク」でつくられている。体を温めるための製品にはセーターやジャケットなどのウールも用いられるが、肌に接する内側はオーガニックコットンになっている。ワンピースは思わぬところにTシャツの胸プリントが使われていたりと、選ぶ楽しみがある。

は、集められた古着などを洗濯し、目を整え、傷んだ部分を取り除くという、一連の根気強い手作業の上に成り立つ。また、布はどんなに小さくても活かせるように、形状ごとにひとまとめに整理され、見事に保管されている。さらに、無駄なく布が取れるよう、沢山の緻密な設計図がファイルに保存されている。早く、美しく、できるだけ沢山、という作業には、試行錯誤を繰り返す開発の時間が必要だ。アップサイクルやクリエイティブリユースを手掛ける人のすそ野は日々広がっているが、設計図のファイルを目にして、責任を持って世に送り出す生産には、こうした自らの作業に対する厳しさや絶え間ない努力が不可欠なのだと深く感心した。最後の小さな一片まで、丁寧にすくい上げて縫製される古着。ここにたどり着いた布たちは幸せ者だ。そして、布や服とどう向き合うべきかを私たちに問うてくる。

家庭内ごみゼロ運動から

かえっこ 2012年7月

KAEKKO

二〇一二年夏、東京の「3331 Arts Chiyoda」では、特別展『藤浩志の美術展 セントラルかえるステーション～なぜこんなにおもちゃが集まるのか？』が開催された。会場には「かえっこ」（藤氏の家庭内プロジェクトとしてスタートした、いらなくなったおもちゃを使って地域にさまざまな活動をつくり出すシステム）によって自動的に集まってきた、おびただしい数のおもちゃが積まれていた。また、それらを分類・整理の後、再構成した作品「ハッピーリング」や「トイ・ザウルス」なども展示されていて、鮮やかな色の洪水と圧倒的物量に、会場に足を踏み入れたとたん、子どもはもちろん大人もしばし息を飲んでたたずんでいた。

展示は、藤氏のこれまでの活動の連鎖をグラフィカルに示すもの、地域活動から生まれた廃材を使ってのインスタレーション、「かえっこ」で集まった大量のおもちゃを素材に繰り広げられるワークショップという三部で構成されていた。さらに奥の空間には、ぬいぐるみだけが集められた、いわば「ぬいぐるみの夢の島」のようなゾーンも用意されていた。来場者は、靴を脱いで大小のぬいぐるみをかき分け、その山に身を預けたり、体を埋もれさせながら、自身も廃棄されたぬいぐるみのひとつであるような不思議な感覚を味わったり、意味もなく山を掘り返してお気に入りの一品を見つけたりと、思い思いに過ごしていた。照明を暗めに設定したこのコーナーは、大量生産・大量廃棄のほろ苦さと、おもちゃに託した夢を一度に味わえる場所だった。

　クリエイティブリユースの現場を沢山見てきたが、このようにおもちゃに特化した展開は他にない。モノが、社会のどんな仕組みの中で生まれ、どう扱われているのか、そして私たちはそれにどう関わり新たな価値をつくっていけるのか。藤氏が着目したおもちゃほど、それを考えるのに適した素材はないだろう。楽しく幸せに社会の仕組みを変えていけるかもしれない、と思えるような、廃材の持つ底知れない力を感じる展示だった。

　展覧会を後にして、秋葉原方面を目指しながら歩いていくとマクドナルドが見えてくる。先ほど扱われていた「ハッピーセット」が子どもたちに手渡される場所だ。右に折れ電気街を目指すと、いくつものゲームセンターを通り過ぎる。そこでは日々大量のぬいぐるみが賞品として旅立っている。中国からの観光客ともすれ違い、彼らの後ろに、あの膨大な数のおもちゃを生産している大陸の人々がぼんやり見えた気がした。この連鎖はいつまで続くのだろうか。

リノベーションをみんなの手で

尾道空家再生プロジェクト 2012年7月

ONOMICHI AKIYA SAISEI PROJECT

古民家のリノベーションは各地で行われている。思い出のある家を壊してしまうのではなく、何とか生き延びさせたいと思う人は多いが、コストがかかるというままならない問題がある。伝統的建造物群保存地区ならば助成金を多少の足しにすることもできるが、そんな場所はほんの一握りだ。ほぼ日本全国、自分の家は自分で何とかせねばならない状況にある。数代にわたって住んでいる家であっても、それを取り巻く法律はどんどん変わっていく。今まで通りに直そうとしても、現在の条例や規則に触れてしまい、にっちもさっちもいかないという現状は誠に不条理だ。壊すこともできず、自然のままに朽ち果てるのを待つ家は日本のあちこちにあるだろう。

NPO法人「尾道空家再生プロジェクト」の活躍の舞台は瀬戸内海を望む急斜面のある尾道だ。細い道を上った先には、かなり老朽化した家も目立つ。こういった家を取り壊すには、平地の何倍もお金がかかる。車が入れない細い道であれば、人の手で壊して、廃材を持っておろさねばならない。このNPOは、そんな場所で果敢に空家再生に挑んできた。代表理事はインテリアコーディネーターの豊田雅子さん。役員にはアーティストや一級建築士、デザイナー、大学教員、中学校教員、不動産業経営者、出版社勤務など、さまざまな職種の人がいる。正会員が約九〇名、ボランティア会員は約五〇名というから大所帯である。彼らは街並み保全によって定住が促進されたり、コミュニティが生き生きとするのを願っている。

NPOの事務所も入っている「三軒家アパートメント」を訪ねた。昭和にタイムスリップしたかのような気分の路地にそれは建っている。入口左側にある「56 cafe」の内装工事は最低限にラフに抑えられ、それが居心地良さを醸し出していた。その向かい側の部屋には、空き家から救出された古道具が並べられたショップがある。古い家に住んでいる人なら「あー、うちにも同じのがある！」とつい言いたくなるような日用品が並ぶ。他には卓球とマンガが楽しめるスペースやギャラリーなどもあり、この絶妙なリノベーションが懐かしさと共にみんなを引き付けているようだ。

これまで空家再生事業で取り組んできたのは一二件。最近オープンしたドミトリー形式のゲストハウス「あなごのねどこ」も人気がある。さらに「空家バンク」と称して、

「三軒家アパートメント」の中庭。1階には「56 cafe」が入っている。

「尾道空家再生プロジェクト」の事務所兼ショップ。

移住希望者とのマッチングも行っている。何よりもありがたいのが、会員の引越しや再生作業の手伝いをしてくれる「尾道暮らし応援作業」や、資材搬入などのサポートだ。なかなか今の暮らしの中ではなしえない、かつてのコミュニティにあったような助け合いのシステムができ上がっている。その方法論は、リノベーションの際にも活かされる。それぞれが自分の専門として、得意なことを行う。ヒトの力で、経済的な負担を減らし、家をよみがえらせるわけだ。豊田さんに「あなごのねどこ」の改修費用をそっと聞いてみたところ、一般的な工務店が出す予算と比べ、べらぼうに安くて驚いた。

「空家再生プロジェクト」は若いクリエイターを誘う。地元の大学の芸術文化学部などを出た人たちがそのまま居つくことも多く、遠方からここを目指して引っ越して来る家族もいる。古く、持て余していた民家の息を長らえるだけではなく、街やコミュニティの再生に役立てる方法がここにある。伝統的建造物群保存地区のような制度とは対極にあるが、身の丈に合った無理をしない方法は、これからの日本に必要なのではないかと思う。コミュニティにあるものを、可能な範囲で活かしていく。お金ではなくヒトの力で。そんな参加と協働を基盤とした社会が主流になった未来が垣間見えた。

【初出一覧】

●廃棄と切り離せない排泄物［スラブ国際トイレ博物館］：「個性派ミュージアム巡礼　スラブ国際トイレ博物館」（『日経サイエンス』、二〇〇六年六月号、pp.102-103、日経サイエンス）に加筆修正。

●分解から見えてくるものづくり［遊美工房　つくりっこ］：「**自転車から楽器を作ろう♪**」（『ちゃぷら：ワークショップコラージュ』vol.7、二〇〇九年一月、カフェグローブペアレンティング）に加筆修正。

●教師がつくったクリエイティブリユースのセンター［リバース・ガービッジ・シドニーとM. A. D.］／建築も徹底的に再利用［リビルディング・センター］／就労移行支援・就労継続支援事業所のクリエイティブリユース［O－DEYOハウス］：「**クリエイティブ・リユースがもたらすもの**」（『住宅』、Vol.60、pp.31-40、二〇一一年、社団法人日本住宅協会）に加筆修正。

●幼児教育を支えるリユース素材［レミダ　クリエイティブ・リサイクリング・センター］：「**幼児期の生活の中で育む二つのソーゾーリョク**」（『こども芸術教育研究』、Vol.4、pp.341-347、二〇〇九年、東北芸術工科大学子ども芸術教育研究センター）、「**連携による事業展開**」（『これからの公立美術館のあり方についての調査・研究報告書』、pp.52-53、二〇〇九年三月、財団法人地域創造）に加筆修正。

●幼児教育を支えるリユース素材［レミダ　クリエイティブ・リサイクリング・センター］／反消費主義をセンスよく楽しむ［スクラップ］：「**地方都市の再生の鍵は地域資源を生かした生活密着型文化・芸術・教育活動にある**」（『地域における文化・芸術活動の行政効果』、第二号、pp.5-9、二〇〇八年、財団法人地域創造）に加筆修正。

クリエイティブリユースのための一〇冊

富井雄太郎

ここでは、クリエイティブリユースに深く関連した書籍を一〇冊に厳選して紹介する。クリエイティブリユースは、さまざまな分野の重なりの中にあり、そのような横断的広がりを感じてもらえるよう、ものづくり・デザイン・美術・環境・都市・思想、そして和書／洋書の多彩さを意識し選んでいる（取捨選択と、組み合わせを考える作業は大月氏と本書の編者である筆者で共に行った）。

身近なものづくりの始まり

まず『1000 Ideas for CREATIVE REUSE』（Garth Johnson 著、Quarry Books、二〇〇九年）は、タイトル通り、「千のクリエイティブリユースのアイデア」が、ビジュアルで示されている。約三〇〇頁にわたり写真のみが並び、大小・素材もさまざまな実例から、とにかく何でもアリ、ということがよくわかる一冊。また、『Remake it Home』（Henrietta Thompson 著、Thames & Hudson、二〇〇九年）も、家具、収納、照明など、身の回りのモノや自分の持ち物をリメイクするためのアイデア集である。『1000 Ideas for CREATIVE

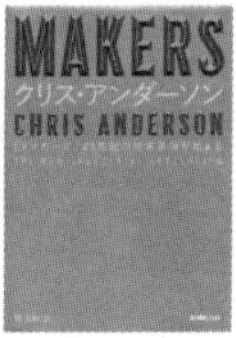

REUSE』と似ているが、時折それらをどうつくるか、必要な道具や手順が図示されている。

『MAKERS　21世紀の産業革命が始まる』（NHK出版、二〇一二年）は、これまで主にコンピュータのスクリーン上にあった情報革命の場が、実世界のものづくりへと移行することを示している。著者は複雑ネットワークの理論を背景に、「ロングテール」や「フリー」といった時代を捉えるバズワードを生み出してきたクリス・アンダーソン。現在、彼は既に『WIRED』誌の編集長を辞任し、「3Dロボティクス」という会社を経営しながら、ものづくりを行っている。その経験を下にしたきわめて実践的なレポート。今起きている変化の兆しをリアルに感じられる。そして、その下敷きとも言えるのが『Fab　パーソナルコンピュータからパーソナル・ファブリケーションへ』（オライリージャパン、二〇一二年）。ファブラボ発祥のマサチューセッツ工科大学（MIT）の教授であり、ビット・アンド・アトムズ・センターの所長を務めるニール・ガーシェンフェルドの名著である（原著は二〇〇五年。邦訳書はしばらく絶版になっていたが、田中浩也氏の監修により再刊された）。人類の文明の歴史も踏まえ、個人のものづくりへと導く。マーク・フラウエンフェルダー『Made by Hand　ポンコツ

DIYで自分を取り戻す』（オライリー・ジャパン、二〇一一年）は、もう少し肩の力を抜いて読める。エスプレッソマシンの改造、鶏小屋の制作と鶏の飼育、楽器づくり、スプーン彫りから娘の教育まで、著者は何でも「自ら」やってみる。全くの素人に始まり、さまざまな情報を調べ、苦労し、また失敗もするが、そこから多くの満足や教訓を得る。詳細なエピソードから、プロセスそのものを楽しむことの価値がよく伝わってくる。

廃棄と社会・環境をつなげる

今泉みね子『みみずのカーロ　シェーファー先生の自然の学校』（合同出版、一九九九年）の舞台は、ドイツ・南バーデン地方の小さな街メルディンゲンの小学校。シェーファー先生は、教室から出るゴミをいかに減らすかに苦心する。そこで導入されたのが、カーロという名のみみず。生徒たちは、ガラスと木でできた箱の中のカーロを観察し、分解されるゴミとされないゴミの違いを学ぶ。ゴミを減らす工夫に始まり、やがて、周辺に木を植えたりといった環境保全や、卒業生が大人になり社会運動へとつながっていく。大きな学習と循環のプロセスが、楽しく、わかりやすく描かれている。

ケヴィン・リンチ（一九一八－一九八四年）は、都市計画家、研究者

として著作『都市のイメージ』がよく知られるが、未完の遺稿として『廃棄の文化誌』（工作舎、一九九四年）がある。「廃棄（Waste）」という概念から、都市や自然の衰退、人間の死、エネルギー問題、核廃棄物まで幅広く論じる。二編のファンタジーに始まり、中盤には写真・図版の集合、終盤には一般の人へのインタビューなど多様な要素で構成されている。リンチ自身もコンポストやエコロジカルなトイレを使用していたそうで、ライフワークとして意欲的に取り組んでいたテーマであったことがわかる。

『DESIGN WITH THE OTHER 90%: CITIES』（Smithsonian Cooper-Hewitt, National Design Museum、二〇一一年）。「デザイナーは世界の裕福な一〇%の人々のために仕事をしているが、残りの九〇%のための、生活を本質的に変えるためのデザイン」を扱った展覧会シリーズの書籍。世界人口は今世紀中頃までに九〇億人を突破し、その大半が都市部に住むと言われているが、本書では、とりわけ都市的なプロジェクトに焦点を当てている。コロンビア・メデジン市のメトロケーブル、建築家アレハンドロ・アラヴェナによるソーシャルハウジング、アーティストJRによる「Women Are Heroes」など、「デザイン」による問題の発見と解決の事例が取り上げられてい

る。なお、このシリーズの第一回として、二〇〇七年にニューヨークのスミソニアン／クーパー・ヒューイット国立デザイン博物館で開催された『Design for the Other 90%』は、訳書『世界を変えるデザイン　ものづくりには夢がある』（シンシア・スミス編著、英知出版、二〇〇九年）も出版されている。

思索を巡らせるために

鶴見俊輔『限界芸術論』（勁草書房、一九六七年）では、専門家による「純粋芸術」や娯楽である「大衆芸術」とは異なる、芸術と生活の境界にある「限界芸術」を定義付ける。演じる者と見る者の区別のないかつての祭に限界芸術を見た柳田国男、無名の陶工による雑器に用の美学を批評的に見出した柳宗悦、科学や技術がヴィジョンの下に用いられ、生活や環境を美しくする時を芸術とし、実践した創作者・宮沢賢治の三者を論ずる。生活（生きること）や楽しみのための創作であるクリエイティブリユースとも響き合う。

最後に、個人的かつ直感的なものだが、ミシェル・ド・セルトー『日常的実践のポイエティーク』（国文社、一九八七年）を挙げたい。既存のモノが持つ支配的なコードの中にありながらも、それをずらし、別のものに変えてしまうこと。本書に触発される箇所は多い。

第三章　実践編「とびらプロジェクト」

東京都美術館と東京藝術大学が連携するアート・コミュニティ形成事業「とびらプロジェクト」では、上野界隈から廃材を集め、美術館を拠点としたクリエイティブリユースの実践が始まっています。

その流れの中で、先行してさまざまな活動をされている三氏のレクチャー（産業廃棄物の活用、新しいものづくり、縮退する地方に焦点を当てたコミュニティデザイン）を収録し、「とびらプロジェクト」の経過も報告します。

＊2013年5月12日・19日、東京藝術大学にて「とびらプロジェクト」オープンレクチャーvol. 1「アート・コミュニティの形成──廃材／ものづくり／コミュニティ」として行われたものを加筆修正。

東京都美術館 × 東京藝術大学
とびらプロジェクト

使い方を創造し、捨て方をデザインすること

中台澄之

この「とびらプロジェクト」は、コミュニケーションやコミュニティに主眼が置かれていますが、廃棄物の中間処理をやっているわれわれナカダイが、仕事を公開したり、イベントを開催したりしているのも実はそれが目的です。今日の話が終わった頃に、皆さんに賛同していただいたり、「ちょっと自分もやってみようかな」と思っていただけたり、実際に参加していただければ良いなと思っています。また、そういったチャレンジが今の日本の構造的・社会的な問題を打破するきっかけになると考えています。

リサイクルの現場から

まず、廃棄物のリサイクルについて紹介したいと

思います。

……ガラスは分別された後に、破砕機の中に入れられ、ガチャガチャと砕かれます。それをよく見ると、キャップに使われていた金属やラベルの紙が混ざっています。想像できないかもしれませんが、ベルトコンベアに乗った粉砕物は、人の手によってひとつひとつ異物が取り除かれます。これは、人力でなければ完璧にはできません。リサイクルは九九％ではダメで、一〇〇％分別した後に、ようやく溶かすことができます。リサイクルと言っても、紙や金属など異物や残渣《ざんさ》はゴミになります。

……木は、飛散防止の高い塀で囲われた中にリサイクル現場があります。破砕機の大きさごとに分けられ、それぞれパーティクルボードや中質繊維板（ＭＤＦ）などの合板材、紙の原料になっていきます。

……プラスチックです。中国の青島にあるわれわれの子会社でも行っています。これも分別してきれいにした後、プレスをして、「ルーダー」という機械によって熱でドロドロに溶かします。それからところてんのように棒状にチューっと出しながら、水を通して固め、粉砕し、「リサイクルペレット」（再生樹脂）にします。それを袋詰めにして成形メーカーに持っていきます。これも同じく異物はゼロの商品です。ただ、その製造過程では残渣も沢山出ます。

……紙のリサイクルは、とんでもなく大きな工場で行われています。パルプは繊維を取ってリサイクルします。回収された新聞、段ボール、シュレッダー後の紙屑など、雑古紙がそれぞれ分けられ、プレスされて入ってきます。その原料に応じて、トイレットペーパーになったり、段ボールになったりします。すべて成形の原理は同じで、大きな洗濯機のような「パルパー」（溶解釜）の中に入れてドロドロに溶かし、「フローテーター」という機械（パルプ液のインキ粒子を除去する）でインクを除去してから、抄紙機で梳いて、乾かします。トイレットペーパーは、大きなロールででき上がります。また、紙＋廃プラスチック＋木くずを混ぜて固めると、石炭の代わりの燃料にもなります。この工場では、乾燥のためにこの燃料が一日約三〇トン使われています。

……次は蛍光灯のリサイクルです。北海道の

ガラスのリサイクル。手仕事の分別。

木のリサイクル。
高い塀で囲われた工場。

イトムカというところにある工場で行っています。蛍光灯は、ガラス、水銀、アルミニウムの金具などでできていますが、それらを分類します。水銀のリサイクルは、全国でここでしかできません。ガラスは粉砕されて、建築の断熱材になります。

…焼却屋さんです。やはりわれわれでもリサイクルできないモノがあり、それらは適正に処理してもらう必要があります。ダイオキシンの問題がありますが、千度以上で焼却することで発生を抑えています。皆さんも煙突から白い煙が出ているのを見たことがあると思いますが、それはいい煙です。煙をさらにもう一度燃やし、その後の水蒸気が白い煙となって見えているのです。

…埋立処分場は超巨大な場所です。山を切

紙のリサイクル。巨大な工場。

プラスチックのリサイクル。
溶かしてリサイクルペレットに。

り開き、そこにゴミを均して埋めていきます。木や紙は腐るので埋めてはいけないことになっています。大きなトラックで運ばれてきて、おろす時に人の目でチェックされ、紙一枚でも発見されればすべて返品となり、ペナルティも付きます。二度のペナルティで出入禁止になるという厳密な管理がされています。ですから、現場はグチャグチャに見えても実は無臭です。山を切り開いて、五メートルピッチで刻んだすり鉢状の穴に埋めていきます。水は一カ所に集まるように設計されています。そして、何段階かの浄化槽を経由して、最終的には鯉が泳いでいるような池を通り、一般の下水へと流れていきます。鯉がいるのは汚染度を確認するためでもあります。

……少し毛色が違いますが、これは中国へ持っ

埋立処分場。

焼却工場。

て行かれたプラスチックです。それらの廃棄物は、裕福ではない人たちの手によって、色と手触りで分別されています。当然ながら、どう見ても資源にはならないようなプラスチックもあります。これもひとつの現実です。

・・・築地には水産物や青果を扱う市場がありますが、同じように、机や椅子ばかりを扱う市場があり、ナカダイの事業のひとつでもあります。たとえば、あるオフィスの引越しがあり、そこで不用品が沢山出た時に、われわれの倉庫へ運ばれてきます。そして、リサイクルショップのオーナー向けに週一度、競りを開きます。きれいなモノも多いですし、競りに出すほどの数がなければ自分たちで小売もやっています。

・・・最後は前橋にあるナカダイの工場です。北関東自動車道の駒形IＣのすぐ近くにあり、東京から車で二時間弱のところにあります。われわれはプラスチックや紙だけでなく、沢山の種類を扱っているので、工場は一見すると何だかわからないようなモノまである状態です。分別用に、廃棄物で、元々

中国でのプラスチックの分別。

ナカダイのMRC（マテリアルリバースセンター）。オフィス家具中古市場。

シャンプーが入っていた大きな白い容器を使っています（4-5頁上）。工場の裏に土手と桜並木があり、この廃棄物と桜の風景はなかなか良いのですが、散った後の分別が大変です。ナカダイは一九五六年の創業ですが、リサイクル業は九二年から始めたので、ここ二〇年ほどの事業です。最近いろいろなメディアに取り上げていただいている「モノ：ファクトリー」はオープンしてまだ三年しか経っていません。二〇一三年秋には品川にもショールームをつくる予定です。

中間処理業とは何か

改めて「廃棄物とは何か」という話をしましょう。法律の定義としては「占有者が自ら、利用し、又は他人に有償で売却することができないために不要になった物」で、それらの扱いは許可制になっています。

廃棄物の中間処理の「許可品目」とは汚泥、廃油、廃酸、廃アルカリ、廃プラスチック類、紙屑、木屑、繊維屑、ゴム屑、金属屑、ガラス屑及び陶磁器屑といったものです。ですから、たとえば「パソコン」という項目はなく、金属とプラスチックとガラスの混合なので、それぞれの品目の許可がなければ実際にパソコンを扱うことはできません。そして「許可内容」として、圧縮、切断、破砕、溶融、選別があり、品目とセットになっています。

新規に許可を得るのはとても難しいです。なぜかと言えば、皆さんの近所にリサイクル施設ができるという話があった時に、どう感じるかを想像していただければよくわかると思います。音や匂いや揺れの問題、大きな車が入ってくるので交通事故の危険性など、心配になると思います。ペットボトルのリサイクルであっても、中にタバコが入っている場合もありますし、残液もあります。それらの問題をひとつひとつ詰めていかなければ、新たに事業を始めることはできません。

ナカダイは、幸いなことに行政の方にも理解をいただいており、さまざまな品目を扱うことができます。ですので、電子機器、テレビ、車や机に使われている金属のパーツ、ぬいぐるみ、家具類など本当に沢山のモノたちが工場にやって来ます。大量の箱が運ばれてきて、それらひとつひとつの中身を確認し、それぞれ専門の紙屋さんや金属屋さん、木屑屋さんなどに出していきます。たとえば、鉄の端材は大きなマグネットで集め、プレスして、ひとつ五〇〇キログラムくらいの塊になります。われわれの工場では今、月に約四〇〇トン扱っています。せっけんが一二トン来たこともありましたが、今でも会社内で使っています。

意識してモノを観察する

リサイクルや分別を考え、普段から意識してモノを見ていると、いろいろなことがわかってきます。世の中のあらゆるモノは、それぞれ適材適所で構成されています。たとえば、建物の窓もかつてはスチールサッシが多かったのですが、鉄は錆びるので今はほとんどアルミサッシに変わっています。鉄や木や紙はわかりやすいのですが、プラスチックは難しいです。たとえば、シャンプーのボトルは大体ポリエチレン（PE）製で、ペットボトルのキャップはちょっと硬くてポリプロピレン（PP）製です。このPEとPPという樹脂は、安くて汎用性が高いため、世の中の六～七割のプラスチックはこのどちらかで成形されています。でも、それらでは透明度が出せないので、ペットボトルはPETでできています。スーパーのカウンターにあるロール状の袋はPE製ですが、お菓子が入っている袋はPP製です。なぜかと言えば、伸びてしまうPEに対して、PP

は固く、開封する時に手で切れるようになっているからです。また、クリーニングに出すと、コートはPEに包まれてきますが、ネクタイはPPに入れられて戻ってきます。捨てる時に、すべてが同じモノでできていれば楽ですが、そのように理由があってモノができているのです。プラスチックは火を付けて匂いで判断することもできます。私の入社当時は教えてくれる人がいなかったので、自分でゴミを燃やして匂いを嗅いでいました。一〇種類くらいは匂いでわかります。ただ、朝から晩まで匂いでモノを嗅ぎ分けていては大変なので、感覚的にわかるように訓練します。一年くらいで大体できるようになりますね。観察や分別はとても大切なことで、われわれだけではなく、お客さんに対しても提案や啓蒙をしています。エコやクリエイティブなことの前に、まず「楽しく観察と分別」です。

使い方を創造し、捨て方をデザインする

ここまでリサイクルの現場や現状を紹介してきましたが、廃棄物をよく観察し、大きさや種類ごとに分けてみると、結構きれいだと気付きました。それで、工場の一部を片づけてそれらを並べ、前橋名物の焼きまんじゅう屋の屋台なんかもあったりしたら、人が集まるかもしれないと思い至りました。廃棄物の机をレイアウトし、輸入雑貨を並べ、

「ホンダ」の車から出てきた鉄板を加工して棚を設えたりして、場所をつくっています。

日々、三〇トンもの廃棄物を見ていると嫌でも何かに使いたいと思い始めます。それは「もったいない」という感覚ではありません。眼の前にあるモノをどうにかしなくてはいけない、という切迫したものです。実際、捨てることが良いと思っている企業や、無駄を覚悟で沢山つくって、余ったら捨てればいいと考えている会社はほとんどありません。特にわれわれとお付き合いのある会社は、沢山の廃棄物を何とかしたいと考えているところばかりなのが事実です。ですから、どうにかして有効な使い方を提案したいと考えています。そのために、いくつか考え方としてキーワードがあります。

「現状の否定ではなく共存」：大量生産により、安価なモノが手に入るとか、利便性という側面もありますから、そのことをまず認めましょうということです。どうやって減らしていくかは各企業や皆さんの努力によりますし、われわれはどう廃棄物を使うかを考えていきます。「共存」が重要です。／**「捨てたら終わりではない」「捨てられるモノの流れを知る」**：捨てたモノでも、先ほど紹介したようにリサイクルや処分がなされているという現実があります。その流れを知ると、廃棄物の見え方が変わってきます。／**「エコではない延命」**：リサイクルしても、モノの最期は人間と同じように、焼かれて埋められた時です。そのモノが生まれてから埋められるまでの時間をいかに長くできるか、環境という難しい問題としてではなく、少し肩の荷を下ろして考えましょうということです。／「**捨てるモノの価値の認識・再発見**」「**コミュニケーションツール**」：モノの価値を再発見していくことで、ゴミでしかなかったモノが立派なコミュニケーションのための道具にもなります。／「**マテリアルプロフィール**」「**マテリアルライブラリー**」：元々の使われ方を把握すること。そして、分別して揃えたり、並べ方や見せ方も重要です。／「**地産地消**」「**旬**」：廃棄物の処理もやはりコストの問題がありますので、前橋から鹿児島まで運ぶということはあまりしませんし、何かが出てきた時にすぐに回せる、使える、というタイミングも重要です。ですからナカダイには、自然と群馬県近郊の企業などから廃棄物が集まります。そこには歴史や文化も関わりますし、とてもおもしろいです。

以上を踏まえて、私が提唱しているのは「**リマーケティングビジネス**」です。使い古したモノ、在庫処分、発注ミス、生産工程での端材など、さまざまな理由から、社会で価値がないと判断された廃棄物の「使い方を創造」し、「捨て方をデザイン」することで、エコやリサイクルだけにとらわれることなく、「モノの流れを最適化するビジネス」です。使い方によって新しい価値を生んだり、モノを体感し、そこから発想できるような場や環境を提供したいと考えました。具体的には、デザイナーによる商品化、アーティストによる制作、子どものワークショップ、企業や学生の研修の素材としてなど、利用の可能性は無限にあります。

ナカダイの挑戦

「モノ：ファクトリー」では「マテリアルライブラリー」として、実際に廃棄物を見たり触れたりする場を設けています。また、「工場ハック」として、東京からバスツアーを組み、丸一日工場を開放して、見学とリサイクル体験をセットにしたプログラムを、年に二回実施しています。信号機を解体したり、クレーンを動かしてプレスを体験してもらったり、基本的に何をやってもいいというものです。毎回満員で繁盛しています。

ワークショップでは、廃棄物で何かをつくるだけではなく、使い方のひとつとして、「解体」も重要です。解体のワークショップはとても盛り上がります。パソコンを自由に解体すると発見も多くて、楽しいですし、蛍光灯を破壊するリサイクル体験であれば、単純にストレスの発散になりますし、奥様方の表情が生き生きとします（笑）。工場を出張させる「工場シリーズ」の「ナカダイ西麻布工場」では、東日本大震災による津波で外装の段ボールが海水に浸ってダメになってしまった加湿器を解体しました。ナカダイでは日常の仕事として解体をやっているので、その方法をいろいろと考えたり、ワークショップを行うことは、それだけで創造的です。壊す「体験」の価値が生まれますし、新しいビジネスの流れになると考えています。また、そういった試みを提示することで、企業や社会にモノの流通や考え方の変化を促していきたいと思っています。

ナカダイはこのような実践をスタートし、「多様な価値観と自由な発想で社会に貢献する」を新しく理念にしました（二〇一三年四月〜）。廃棄物処分を営みながらも、目の前のモノを何とかしたいという動機から、ビジョンや可能性を明確にし、実際に行動していくことが重要です。たとえば、「モノをどれだけ壊してもいい」というコトはナカダイにしかできませんが、「ディズニーランド」の入場料が約六千円で、それと比べた時の価値やビジネスを考えています。インターネットの急激な発展があり、リーマン・ショックがあり、東日本大震災がありました。そんな時代には、排出業者とのコラボレーションなど、これまで前例のないことに挑戦し、新しい価値を生み出していかなければいけません。そのためには理念が必要です。「クリエイティブリユース」の一環として、リサイクルやエコを超えた「コト」にチャレンジしていきたいと思っています。

今日をきっかけに、今後、廃棄物で何かすることに興味を持っていただける方がいたら、是非、ワークショップにご参加いただいたり、工場見学にいらしていただければと思っています。

「ワークショップシリーズ」

表参道ヒルズの「キッズの森」で子どもを対象に行っています。LANケーブルはPE製なので、アイロンで固めたり、シャンデリアを解体して、マニキュアで色付けしてネックレスをつくったり、リサイクルペレットをノリで付けて遊んでいます。大人も次第に結構本気になってしまいます。

「仙台クリスマスプロジェクト」では、東日本大震災の支援の一環として、約60種類の素材（マテリアル）をタッパーに入れて運び込み、子どもたちがクリスマスツリーを飾り付けました。素材の解説をしてから、好きなモノを選んでもらいます。頂部の星にはオフィス椅子の足、雪は白のLANケーブルを使っています。最後にみんなで記念撮影をしました。

「東京デザイナーズウィーク2010」

廃棄物のおもしろさは、いきなりは伝わらないので、まず建築家やデザイナーたちに見せました。廃棄物は時代や場所によって変わっていくので、変化に敏感に対応する人たちの反応を見ようと思ったのです。予想以上に好評で、その後のいろいろな企画が生まれていきました。

LANケーブルを建築家フロリアン・ブッシュが板状の壁にしています。天井は安東陽子さんによるものです。

「J-WAVE」のブースはコンテナを加工しています。ギラギラ光っている部分はスナック菓子などの袋の内側の素材で、シャンプーが入っていたタンクは照明に、ホワイトボードを机に、ボロボロの椅子にエアバッグの素材を張り替えて再生など、すべて廃棄物を活用しています。

「産廃サミット」
2011年に第1回が多摩美術大学で開かれました。学生がLANケーブルや真鍮や空の大きなボトルなどを使って作品をつくっています。作品も重要ですが、「使い方の創造」に主眼を置いています。元が何で、どう使われたかという「変化」に知恵を絞ってもらいました。学生からプロまで、誰でも参加でき、裸一貫の勝負になるのがおもしろいところです。

「ポストカード」
廃棄物のポストカード36種類。素材がよく見えるようにレイアウトして写真を撮り、裏にマテリアルプロフィールを記載。

「市場シリーズ」
渋谷に「ヒカリエ」がオープンした時に開催した、素材を売る市場です。廃棄物も、場所や見え方が変わると違うモノになります。ツイッターでも話題になりました。

「3331 Arts Chiyoda」にて、藤浩志さんによる展覧会（146頁参照）と連動した「3331素材市」。素材（マテリアル）やポストカードを並べて売ったり、ペットボトルのキャップやLANケーブルのプールをつくったり、ホワイトボードの壁をつくりました。

質問一　木と紙とプラスチックの混合でつくる燃料の紹介がありましたが、それを燃やしたさらにその後はどうなるのでしょうか？

中台　残渣になります。ただ、燃やすという方法は微量しか残渣が出ませんので、埋め立て処分量としてはすごく少なくなります。

質問二　答えにくいかもしれないのですが、福島第一原発事故の後の放射線量の問題などを含む、安全性について教えてください。

中台　廃棄物処理法によって、廃棄物を出せる場所や捨てられる場所が定められています。これは道路交通法のように生活に密着したもので、実は皆さんもその法律に則ってゴミを捨てています。廃棄物処理は厳密な契約の世界で、お客さんとの契約時に危険な廃棄物が入っていないことがまず前提になっているのと、もし危険な廃棄物であれば、捨てる時にＰＲＴＲ法（特定化学物質の環境への排出量の把握等及び管理の改善の促進に関する法律）という法律があり、廃棄物を買った時点で何に使って、いつ捨てたかを報告する義務があります。なので、廃棄物処分場には、目に見えないような危険なモノは入ってこない仕組みになっています。たとえば医療系の注射針は、使用前後を問わず同じ仕組みの下で扱われています。ナカダイについて言えば、危ないモノはお断りするという方針です。

放射線量はガイガーカウンターで測るのが基本ですが、実際とても厄介な問題です。やはり線量が高くて受け入れられないという廃棄物もありました。

質問三　「工場ハック」などのイベントに参加されている方や、マテリアルを買われている方はどういう方なのでしょうか？

中台　ごく普通の方が多いと思います。「表参道ヒルズ」でのワークショップの参加者は、まさにそこに子ども服を買いに来る方が参加されます。前橋工場は伊香保や軽井沢も近いので、その行き帰りに寄られる方もいて、皆さん楽しんでくださっています。美大生などは授業の一環としていらっしゃる場合もあります。

質問四　廃棄物を一般にも販売されていますが、それはリサイクル事業全体の売上げのどれくらいの比率のなのでしょうか？

中台　ナカダイのリサイクル率は九七％ほどで、できないモノは二〜三％しかありません。そして、そのリサイクルしているモノの中で、素材（マテリアル）として一般向けに販売している量の比率は千分の一くらいです。毎日三〇トンという量が入ってきますので、やはり皆さんにいくら頑張って買っていただいても限界があります。鉄を二トン買ってくれるような普通の人はいませんね。

廃棄物処理の世界では、お金と引き換えに何かを購入するのではなく、お金とモノの動く方向が同じです。つまり廃棄物処理業者はカネとモノを同時にいただくわけです。冗談で「こんなに良い商売はない」と言われますが、不正の問題もここに原因があります。廃棄物を集めて、不法投棄したらボロ儲けになってしまいます。逆に言えば、ナカダイの事業としてはリサイクルの経過のモノを扱うことが多く、最後まで処理をすることはあまりありませんから、廃棄物を受け取った場合には、中間処理業として何らかの分類や加工をしなくてはいけません。それがお金をいただく根拠ですし、法律で定められているところです。

質問五　今、リサイクル率は九七％ほどというお話がありましたが、あとの二〜三％はどうなるのでしょうか？　また、リサイクルの中間処理をした後のモノは、どのように販路を確保されているのでしょうか？　在庫の管理などについて教えてください。

中台　廃棄物には確認のための処理伝票（マニフェスト）が付いて回ります。それにはどこから何をどれくらい動かしたかという経過がすべて記録されていて、埋められた時に最初に発行したところへ戻すというルールになっています。ですから、伝票が戻って来なければ最終処分ができていないことが明らかになります。
リサイクルのルートとしては、ナカダイからの出先に五〇社近くがあり、紙で六社、金属で二〇社というように、同じモノでも複数の会社があります。そういったルートを確保してあるので、毎日三〇トンもの多様なモノを受け入れることができます。そして、その先にあるのはもっと大きなマーケットです。たとえば、ナカダイが何かを一〇トン出したいという状況であってもマーケット側は一万トン必要としている、というように、はるかに桁の違う世界があり、何社もの中間処理業者から集められています。

中台澄之（なかだい・すみゆき）
一九七二年東京都生まれ／東京理科大学理学部卒業後、証券会社勤務を経て、一九九九年ナカダイに入社／ISO 14001の認証取得や中古品オークションを行う市場の立ち上げなど、総合リサイクル業として事業を拡大。「リマーケティングビジネス」を考案し、「発想はモノから生まれる」をコンセプトに、「モノ：ファクトリー」を創設。使い方を創造し、捨て方をデザインする「ビジネスアーティスト」として、さまざまな研修やイベントなどの企画、運営を行っている。
株式会社ナカダイ前橋支店支店長／モノ：ファクトリー代表。

リペアデザインとデジタルファブリケーション

田中浩也

僕は小さい頃、不器用で実はものづくりは苦手でした。むしろ、破壊することが得意でした。不注意もあり、モノを何でもすぐに壊してしまうのが癖だったので、父から「その癖は多分一生直らないから、せめて修理ができるようになりなさい」と言われ、いろいろな工作道具を買ってもらっていました。意図してやっているわけではなかったのですが、モノを壊すとやはり自分の中に罪悪感が残ります。それを自分なりに修復しようと取り組んできました。その後三〇年間、破壊と創造を繰り返してきたわけです。そのうちに「ファブラボ」という活動を知り、ものづくりに出会ったのです。

ビットとアトムをつなぐもの

今日のタイトルは「リペアデザインとデジタルファブリケーション」です。以前、『TED×Kids@Chiyoda 2012』で、子ども向けに講演する機会があり、初めてこのテーマで話をしました。先に言っておかなければいけないのは、僕は「ギーク」、つまりコンピュータおたくだということです。小学生の頃に『スーパーマリオブラザーズ』がはやり、僕も「ファミコン」を買ってほしいとねだったのですが、父は「ゲームはやるものではなくつくるものだ」と言って、パソコンを買ってくれました。その時からプログラミングを始めて、二年生で既にプログラムが書けるようになっていました。また、一九九四年に大学に入学したのですが、ちょうどインターネット元年と言われる頃で、小さな画面の向こうで世界中がつながっているという感覚に、とにかく興奮した記憶があります。その後も一生懸命パソコンに向かって、画面の向こう側にある情報の世界につながるためのソフトウェアやサービスを開発して

＊TED×Kids@Chiyoda 2012
http://tedxkidschiyoda.com/

PC-8801 mk II FR。

きました。他の人から見れば、パチパチとキーボードを叩いている姿はあまりカッコいいものではないと思います。身の回りには、顔の見える表情豊かな人々がいて、食事もあり、さらに部屋があり、家があり、街があって、リアルな物質や生活の楽しさに囲まれているのに、コンピュータの世界にいる人は、どうも画面しか見えていないように感じられると思います。実際に僕自身もそうでした。けれど、「デジタルファブリケーション」という可能性が出てきてからは、コンピュータの画面の内と外がつながり、新しい視点から活動することができるようになりました。今日、中台さんとは二年ぶりにお会いしました。以前、『Make: Tokyo Meeting 07』にて、中台さんも紹介されていたLANケーブルでハンモックをつくるというワークショップをやりました。僕のようなギークにとって、LANケーブルは象徴的なモノなんです。昔はLANケーブルを通じてインターネットに接続し、メールを送ったりウェブサイトを見るという、重要な通信インフラだったわけです。しかし、インターネット元年から約一五年経ち、無線LANが当たり前になり、物理的なケーブルが大量の廃棄物になりました。情報の世界でずっと生きてきた人間としては、その残骸としての物質に心惹かれるところがあり、これを研究室で使うハンモックにしようと思ったのです。中台さんのお話にもあったように、ケーブルにはいろいろな色があって、よく観察すると柔らかさもそれぞれ違っていて、とにかく沢山の種類があります。これらをみんなで手分けして、漁師の網を参考にしながら編んでいきました。今では大学の森の中で使われています。こうしたものづくりを通して、情報技術も何かしらの物質に支えられてきたことを改めて考えるようになりました。たとえば、デスクトップコンピュータは、デスク（机）がなければ置くことができません。ここから、情報（ビット）の世界とモノ（アトム）の世界、ヴァーチャルとリアルをもう一度つなぎ直そうと考え始めたのです。また、ソーシャルな人の輪をつくったり、新しいアイデアによってモノを加工したり、コトとモノの要素をうまく組み合わせることも、情報技術とリアルな世界をつなぐのに深く関係しています。

ファブラボの世界

今日は市民のデジタル工作室「ファブラボ」の活動から、「リペア」や「クリエイティブリユース」に関係が深そうなものをいくつか紹介したいと思います。ファブラボをご存知の方、挙手をお願いし

廃棄物のLANケーブルを編んでつくったハンモック。

ます。［数名、挙手］数年前とは全然違いますね。最近マスメディアでもよく取り上げられている3Dプリンターは、僕たちが普段使っているパーソナル・コンピュータ（以下、PC）の周辺機器の一種であり、デジタルな工作機械の一部です。旋盤やミシンなど今までの工作機械は、PCとは関係のないものでした。ところがデジタル工作機械は、直接PCと接続して使います。3Dプリンターだけではなく、他の例としてはデジタル刺繍ミシンという機械があり、PC周辺機器として売られています。PCからデータを「印刷」するとその通りにミシンが刺繍をしてくれます。さらにレーザーカッターやペーパーカッター、ミリングマシンなどの機械によって、データをモノとして取り出すことができるようになりました。今までは、紙にインクで二次元の文字や画像を出力することを「印刷」と呼んでいましたが、デジタル工作の世界では、物質の素材も多種多様（木や紙や石や樹脂や皮や布や糸）で、手法もさまざまですが、三次元の情報も出力できるので、「印刷」の概念が拡張されています。こうしたデジタル工作機械のおかげで、不器用なギークだった僕も、モノの世界に直接関わることができるようになりました。まだまだ黎明期で、その技術が何の役に立つかは、はっきりとはわかっていません。なので、みんなで集まっていろいろと実験し、可能性を探っていく試行錯誤の場所が重要なんじゃないか、という気運が世界で同時多発的に高まり、ファブラボが誕生しました。これはライブハウスのようなものかもしれません。僕は昔、ジャズミュージシャンをやっていたのですが、ミュージシャンは世界のライブハウスを転々としながらライブをします。ライブハウスはどこへ行っても大体ドラムとベースとピアノなどの標準機材があり、そこにミュージシャンが自分の楽器を持って行って演奏ができます。同様に、世界にある沢山のファブラボを巡りながら、ワークショップという名のライブをする旅芸人のような人も既にいて、レーザーカッターや3Dプリンターといった標準機材を使ってセッションをしています。二〇一三年四月時点で、ファブラボは世界五〇カ国・二〇〇カ所にあります。必ずしも先進国だけではなく、アフリカやアジアなど、いろいろな地域に広がっています。フランチャイズで増やしていったわけではなく、各国にファブラボをつくりたいという自発的な人たちが現れ、それぞれの街のそれぞれの団体がルールに従って「ファブラボ」と名乗り出ることで、草の根的にできていった結果です。「ファブラボ」という共通の名前にして、ネットワークしておこうという発想だったのです。世界で同時多発的に始められたことが、後々良い方向に活かせるのではないかと考えられました。世界中のファブラボでは、ビデオ中継が多用され、他の地域の人たちと顔を合わせて相談しながら活動しています。たとえば、サンディエゴで水素電池をつくっている人、インドで農業用センサーをつくっている人、ケニアで食用虫の調理法を考えている人、ニュージーランドで3Dプリンターを使って3Dプリンターをつくっている人、アムステルダムで麻薬を吸いながら自作楽器をつくっている人などがいます。このような市民工房ができることで、今まで自分の家で肩身の狭い思いをしながらものづくりをしていた市民発明家や、変人とも呼ばれていたような人たちが、集まって自由な実験ができる溜まり場が生まれました。

僕が一番最初にファブラボを訪れたのは二〇〇八年で、人口二〇〇人のインドの田舎の村でした。まだ道も舗装されておらず、水と電気は不安定な田舎の村にある小屋のひとつがラボになっていました。辺境の地ですが、一歩扉を中に入るとレーザーカッターや、さまざまな機械、工具、材料が揃っていました。

この「ファブファイ」って何だかわかる方はい

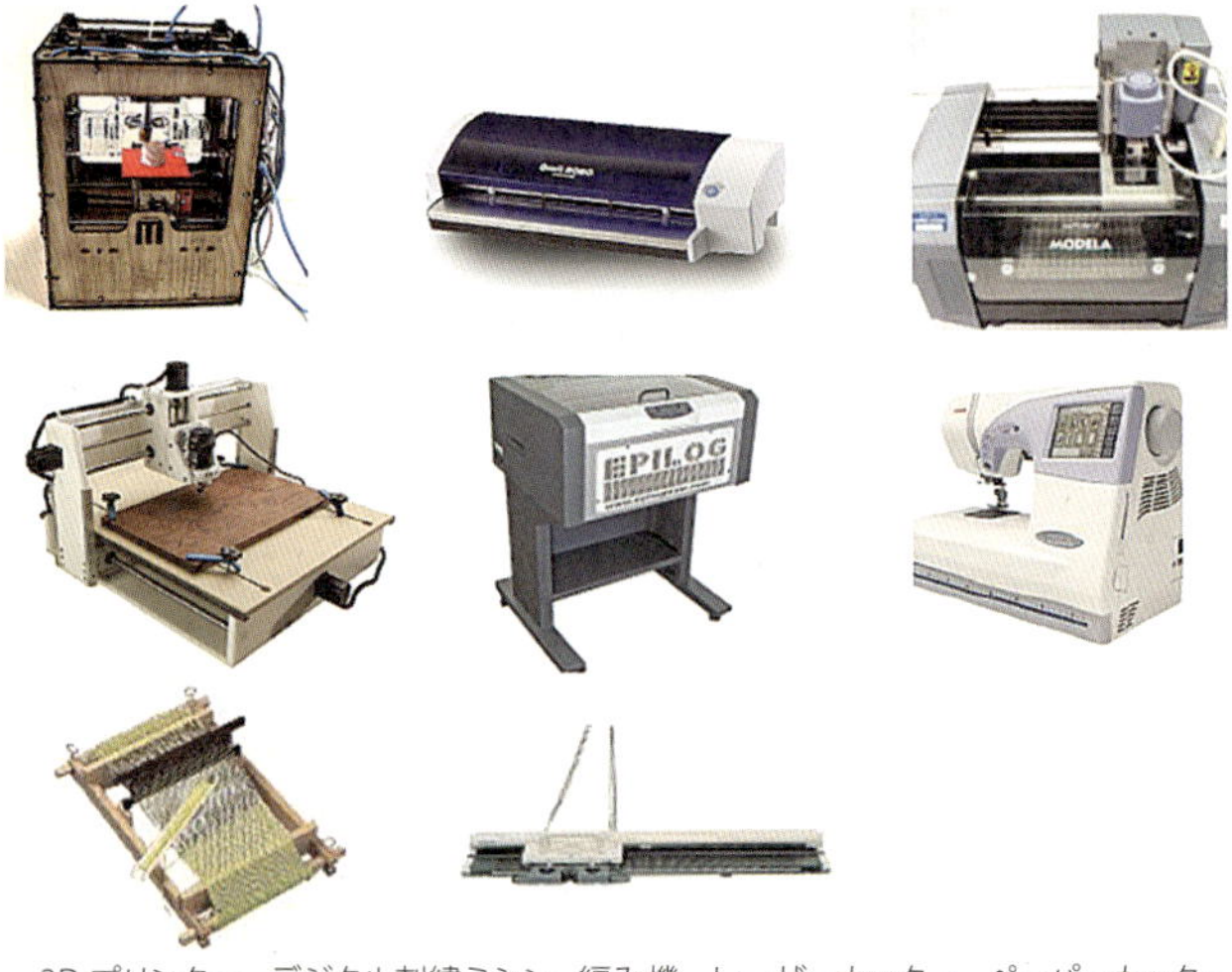

3D プリンター、デジタル刺繍ミシン、編み機、レーザーカッター、ペーパーカッターなどのデジタル工作機械。

ますか？［会場……］これはインターネットの無線アンテナです。とある小学生がファブラボに通ってつくり上げました。この少年に動機を聞いてみると、「インターネットが見たかったから」という答えでした。僕らにとってインターネットは当たり前になっていますが、彼はインターネットにつないでみたくて自分でこのアンテナをつくってしまったのです。PCで設計データをつくり、レーザーカッターで切り出し、組み立てるとでき上がります。完成したアンテナを見た村の人たちが、「是非うちにもほしい」と押し寄せました。ひとつの設計データから必要な数だけつくることができるので、今では村の五〇軒ほどの家にアンテナがあるそうです。必要な人が、必要な時に、必要な量だけつくることができる。これ

インドのファブラボ。インターネットにつなぐことができる「ファブファイ」などによって、ハイテク自給自足生活が営まれている。

が「ファブ」の大きな特徴です。これまでの個人によるアナログの一品生産やDIYとも、企業による大量生産とも少し違っていて、「適量生産」と呼ばれます。この村で他に何をつくっているかと言えば、「超音波を発信して獰猛な野良犬を撃退する装置」や「自転車をこいで発電する人力発電機」や「日光を虫眼鏡のように一点に集めて肉を焼く非電化の調理器具」などです。こうして彼らは「ハイテク自給自足生活」を送っています。技術を使えば必要なモノを自分たちでつくることができるし、つくり方がわからなければインターネットで調べます。彼らは非常に賢く、必要性とモチベーションさえあれば、実現の手段は揃っていると言っていました。

スペインのファブラボには、家をつくってしまった人たちもいます。データを設計して、部材を切り出し、組み立てた「ソーラー・ファブハウス」です。ソーラーパネルで自家発電ができ、しかも接着剤を使っていないので、パーツに分解して一トントラックに載せて移動も可能な、プラモデルのような家です。取扱説明書があり、雨や湿気などで一部のパーツがダメになると、そこだけつくり直

スペインのファブラボでつくられた「ソーラー・ファブハウス」。

すことができます。自分で交換や修理ができ、パーツを新陳代謝させながら使い続けられるという家です。この家をつくったスペインのファブラボは、昔の造船所をリノベーションした大きな倉庫のような建物の中にあり、宿泊もできます。

このスペインのファブラボやその活動を見て、僕も日本で建物からファブラボをつくれると良いなと思いました。活動する空間も自分たちでつくるのが理想でした。そこで、いろいろ物件を探していたら、鎌倉駅から徒歩五分の酒蔵を見つけました。この蔵は元々、秋田県湯沢市で高久酒造の酒蔵として使われていたのを、一〇年ほど前にオーナーさんがパーツごとに分解して、はるばる鎌倉まで運んで組み立て直したものでした。年に一度、表面に柿渋を塗ってメンテナンスをしながら使い続けています。実は先ほどの「ソーラー・ファブハウス」と同じ考え方だったのです。これはいいなと思い、蔵の一部を借りて、二〇一一年五月から「ファブラボ鎌倉」を始めました。

分解して組み立て直すこと・修理すること

木造建築には、金物を使わず、分解し、移動させてまた組み立て直すという「循環」のシステムが最初から組み込まれています。そういった特性はデジタルファブリケーションの技術と通底しています。職人さんが手仕事でやっていたことをデータでモデリング

2011年5月にオープンした「ファブラボ鎌倉」。

してみるとわかるのは、「レゴ」と非常に仕組みが似ているということです。ファブラボ鎌倉で活動していたある学生は、木造の仕口とレゴの融合を考え、実際に3Dプリンターで試作をつくってみたりもしています。今、この分解できて組み立て直すことができる木造建築の「仕口・継手」という技術は世界中から注目を集めています。日本では「ほどく」という言葉がありますが、これは分解するという他に、仕組みを理解して学ぶという意味を持っているそうです。また、「デジタル」という言葉には物事をバラバラにする、「離散」という意味合いがあり、このあたりも、何か共鳴しています。

今の3Dプリンターはまだまだ初歩的な段階ですが、もっと新しい3Dプリンターをつくろうとしている人たちが世界中に沢山います。彼らは小さい頃に『スタートレック』というアメリカのテレビ番組

（一九六六年放送開始）を見て、影響を受け、その夢を追い続けています。これには「レプリケーター」という装置が出てきて、ほしいモノを言うだけで、分子を材料にあらゆる人工物をつくってくれます。また、使わなくなったモノは装置に戻せば、分子に分解されるというリサイクル機能も持っています。それに比べると今の３Ｄプリンターは、素材に戻すことはできないし、使える素材もかなり限られています。二〇三〇年頃にはそんな装置も生まれてくるかもしれません。『スタートレック』が示唆的なのは、宇宙空間の中で人がどうやって生き延びることができるかを描いていることです。宇宙船は容積が限られているので、必要な時に必要なモノをつくるしかないし、増え過ぎては困るので、また材料まで戻すことができるという循環機構が組み込まれているのです。いかに有限な閉鎖環境の中で、ゴミを増やさずに生きていくことができるのかという問いに対するストーリーやテクノロジーが描かれています。日本では『鉄腕アトム』を見て、人型ロボットを夢見た人が沢山いますが、特にアメリカでは、『スタートレック』を幼い頃に見て、将来「レプリケーター」をつくると信じて育ったエンジニアが、今、３Ｄプリンターをつくっています。こうした技術がこれからどう社会に馴染んでいくのかはまだわかりません。新しい技術は、社会に対して常に問題を孕んでいます。ですので、どこでどう使えば有意義なのかをつくりながら考えておく場所が必要で、それがファブラボなのだと思います。研究所のような見えない場所でつくられた技術やモノが、突然社会に出てきて驚かすよりは、少しずつ社会と連携を取りながら、何に役立てられるかをゆっくり考えていく活動が、技術者の側にも求められていると思います。

僕が一番大きな影響を受けたのは、オランダのファブラボです。アムステルダムの街のど真ん中に建つお城の中にあり、立地がとても良くて、いろんな人が夕方から通ってきます。みんなTシャツを着ているので、どういう属性の人たちなのかがわかりにくかったのですが、普通の会社員で、夕方五時に退社してからファブラボに来て着替えているのです。市役所で働いている職員も、仕事が終わってから通って来ます。昼間の公的な立場ではなく、市民としての活動です。ギーク、デザイナー、アーティストといった、違った角度からモノをつくるスキルを持った人たちが集り、陽気なBGMが流れる中で一緒に食事をして、深夜までモノをつくったり、話し合ったりしています。週末には、いろいろなワークショップが頻繁に行われていますが、僕が特に好きなのは「リペア・カフェ」というもので、家の中などで使えなくなったモノをみんなで持ち寄り、別のモノに改良していくワークショップです。まさに「クリエイティブリユース」の考え方に合致していますね。それから、「フューチャー・セッション」では、高齢者や障害者が情報機器に感じている不便な点をヒアリングし、ギークやエンジニアがその人だけのために電子機器やインターフェイスをアレンジするというワークショップも行われています。たとえば、ある高齢者の方が、テレビのリモコンに不満を持っていました。僕らが普通に家で使っているリモコンにはボタンが沢山ありますが、その方にとっては不要なボタンばかりで、音量とチャンネルと電源の三つだけに改造してほしいとのことでした。今は、ある特定の若者のユーザーをターゲットにしてつくられている情報機器が非常に多いですが、実はそれにフィットしていない人も沢山います。そういったユーザーと、社会の役に立つものづくりをしたいと思っているエンジニアやギークを出会わせる場になっています。

オランダ人のデザイナーであるKevin Byrdが、これからは使われなくなったモノや部品や廃棄物を、いかにもう一度別のかたちで使えるように工夫していくか、おもしろさや付加価値を与えていくか、という「リペアデザイン」「セカンドデザイン」が重要だと言っていて、僕もすごく共感しています。レーザーカッターで素材を切り出すと、当然、端材が大量に生まれます。こうした機械を使っているところはどこでも問題になっています。大学では、その端材や余った材料も有意義に利用したいと思い、色を塗って壁に貼ってみました。そうすると結構きれいなんです。年に一度、「あの時にこんなモノをつくったね」とか、みんなで端材を見ながら語り合うパーティをやっています。また、僕の自宅では、間違って洗濯機に金属が入ってしまい、ゴミ取り用ネットのプラスチック部分が壊れてしまいました。メーカーに問い合わせると、この部品は既に生産中止だと言われてしまいました。ゴミ取りのネットが壊れただけで洗濯機を買い替えるのは嫌だったので、３Ｄプリンターでパーツをつくって修理しました。これは成功例で、妻からはものすごく感謝されました。

これまでの洗練されたデザインの世界では良いとされなかったような修理による異物感、非対称性、ユーモアがあってくすっと笑えるようなモノは生活を楽しくしてくれます。そんなデザインを可能にするきっかけのひとつが３Ｄプリンターやレーザーカッターなのかもしれません。

オープンデザインと地産地消のものづくり

鎌倉は土地柄、職人さんが沢山います。ハンド

オランダ・アムステルダムの「ファブラボ」。

ワークショップ「フューチャー・セッション」。

ワークショップ「リペア・カフェ」。

メイドで素晴らしい作品をつくっていますが、彼らの中には新しい技術と自分の手の技術とを融合してみたいと考える人もいます。牛革を使った財布などをつくっている若き皮職人のKULUSKAさんが、ファブラボに来てスリッパをつくりました。足の形のデータをつくり、レーザーカッターで切って上部の皮と縫い合わせることで、それぞれの人の足にぴったり合うようにつくることができます。最終的にはデザイナーはキットを用意して、スリッパを履く人自身に縫って仕上げてもらうことにしました。

「オープンデザイン」という考え方があります。二〇一二年に「無印良品」の『くらし中心～「かたがみ」から始まるpart 1 家具のかたがみ』という展覧会に参加した時には、商品をつくって売るのではなく、データをウェブサイトからダウンロードできるという試みをしました。たとえば、椅子のデータをダウンロードして、ホームセンターに持っていけば大体三〇分くらいで切り出してくれます。それらのパーツを自分で組み立てると完成するという、オープンソースの家具の提案です。アフリカに旅行していた友人から先ほどのスリッパを使いたいという連絡があり、データをメールで送ってみたら、しばらくして彼がつくったスリッパの写真が送られてきたこともありました。アフリカにも同じ機械があり、同じデータを使ってできていますが、違うのは足のサイズと素材です。アフリカの湖で採れた魚の皮が使われました。まるで同じ楽譜から演奏者によって違う曲が生み出されていくようです。こういったコラボレーションが起こるのもオープンデザインのおもしろいところです。世界中がつながっているインターネットがあり、毎日のようにメールなどのデータが飛び交っています。写真などはどんどんオープンになって、いろんな人にシェアされている世界と、肉体が存在し、僕らが住んでいる物理的な世界があり、このふたつをうまく関係付けられないかと考えてきました。「オープンデザイン」は、ビットの世界とアトムの世界をつなぐ、新しい創造性を示唆しています。これまでのものづくりは、実際にパーツや原料などのモノを送ったり、運んだりという手順が必要でした。部品を一カ所に集め、組み立てて輸出する。でも、モノを輸送したり、移動させると二酸化炭素が沢山放出されます。それをゼロにすることは不可能ですが、データで送って、必要な地域で必要なだけモノに変えることができれば、減らすことができるかもしれません。発想やアイデアやデータは地球上でみんなでシェアして、モノとして取り出す時は、できるだけ地産地消・自給自足、現地にある資源でやりましょうという新しい世界像です。グローバルとローカルがうまく連動しているのです。

既存の製品をハックして生活を豊かにする

さて、データからモノをつくる話をしてきましたが、逆に、モノから始まる話もしてみたいと思います。インドネシアのファブラボを訪れた時に、日本のバイクや洗濯機を分解してエンジンなどを取り出してつくられた、農業用の機械に出会いました。その機械を土壌に刺すと、微生物の量を計り、どこに野菜を植えればいいかを考える手助けをしてくれるというものです。また、自宅に寝たきりのおばあちゃんがいるという青年がいました。ベッドにずっと同じ姿勢で寝ていると床ずれを起こしてしまうので、できれば彼が付き添って一定時間置きに姿勢を変えてあげたいところですが、仕事があるのでそれはできません。そこで彼はベッドにスマートフォンを仕込んで、家の外からでもベッドを動かして姿勢を変えられるような機械に改造しました。このようにアジアの国々では、日本の大企業の製品が分解されて、その中の使える部品を取り出して再利用されている場に、多く出会います。既にある製品を「ハック」しながらつくることも、とても豊かなことだと思います。日本に帰ってきて、こういうことをやってみようと思ったのですが、身の回りの工業製品を見わたせば、分解禁止のシールが貼ってあります。火傷や感電や怪我から安全を守るため、また、消費者が分解して壊してしまった時のクレームをあらかじめ避けるためにＰＬ法（製造物責任法、一九九五年施行）という法律があります。最初にお話したように、僕は小さい頃、あらゆるモノを分解して、修理をして、仕組みを学んできたのですが、今は段々とそれが難しくなっています。

「クリエイティブ・コモンズ」という著作権の仕組みがあります。作品の権利の範囲や条件を作者自身が選ぶことができるもので、それを利用して、みんなでシェアしたり、二次創作が生まれています。そういった新しい議論や試みは、特にインターネット上ですごく発展しています。一方で、モノの世界にはPL法があり、分解してはいけないという縛りがあります。そのことに疑問を持ったメンバーと考えているのが「ハック・コモンズ」です。僕は法律の専門家ではないのですが、一ギークとして、できるだけ改造のしやすい社会になってほしいと思っています。しかし、非電化製品と電化製品との間には、大きな隔絶があることがわかりました。たとえば、古着や家具はそれほど危なくないので、かなり自由に「クリエイティブリユース」が可能です。個人の責任の範囲で修理や修繕、改良ができ、問題はデザインの意匠権をいかに守るかという点だけと言っても過言ではありません。ところが、電化製品は安全を守らないといけないメーカー企業と、ユーザーとの関係によって、PL法で厳重に保護されていて改造はほとんどできないよう

分解権
しくみしらべていいよ
修理権
なおしてくれるといいな
改造権
かいぞうしてもいいよ

「ハック・コモンズ」のシール。

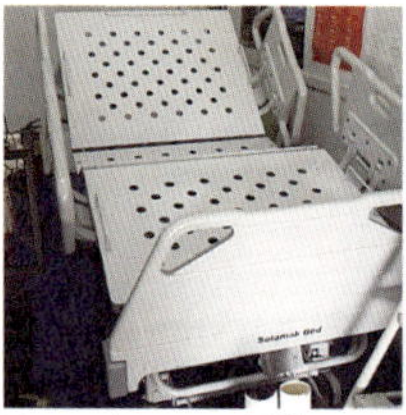
スマートフォンで動かせる介護用ベッド。

農業用機械。

になっています。そのことは必ずしも否定することではないと思いますし、大事故が起きてしまった時に人命が失われるといったことは避けなくてはいけません。ですが、先ほどのインドネシアの例のように、既存の電化製品を改変して、各個人が日常の中で必要なモノをつくっていくという文化も大切にするべきだと思っています。

メーカー企業は何か事故が起きた時の責任が取れないので、よく「自己責任で」という論が出てくるのですが、あるひとりの責任にしてしまうのも貧しいことのように思えます。ですので、ある地域や共同体など、コミュニティの中で相互に承認するかたちで、改造や改変ができないかと考えました。僕の提案は「分解権」「修理権」「改造権」という三種類のシールをつくることです。たとえば、子どもがいる家庭では、壊してもいい電化製品にこれらのシールを貼っておき、子どもが壊す、直す、改造する「権利」を家庭の中で親が「承認」するというものです。当然、事故が起きた場合の責任が生じますが、小さなコミュニティの中で承認されていれば良いのではないかと。学校であれば、先生がリスクをとってシールを貼り、生徒はそれを改変する。そういった小さなコミュニティを少しずつ広げていくことができないかと考えています。最終的には、企業もPL法一辺倒ではなく、時と場合によって改変を認めるシールを貼った製品の販売もあり得るかもしれません。安全を妨げない範囲で、部分的に改造していいモノも沢山あるはずです。

ユーザーは改造の成果をインターネット上に発表することもできるようになります。すごくクリエイティブな改造をしている人たちが沢山いるのに、メーカー企業に訴えられるんじゃないかということで、成果が発表されていないのはもったいないないと感じます。実際に企業の人に聞いてみると「いちいち訴える暇はないので黙認していますよ」と言われることも多いのですが、ユーザーはやはりインターネット上に公開するのは躊躇しています。ユーザーが創造性を発揮して既存の製品をおもしろく改造するということは、うまくやれば企業にとってもファンを増やすことにつながるはずなのです。メーカー企業もユーザーがどんどん改変してくれて嬉しい、という関係になっていくといいなと思っています。「ハーレー・ダヴィットソン」のオートバイのように、それが次の製品にアイデアとして取り込まれることもあり得ます。今まさに、弁護士とその法的根拠について議論を重ねていますが、法律も誰かから与えられるだけではなく、必要に応じて自分たちの中でライセンスをつくれば、可能になることもあるということで活動を続けていきます。今後も、ファブラボ鎌倉はいろいろな活動を展開していくと思います。話が多岐にわたりましたが、以上になります。

質問一　デジタルファブリケーションやオープンソースのものづくりが注目されてい

る中で、マスメディアではプラスの面が強調されていますが、実際のマイナス面についても教えてください。

田中　問題は今も沢山あります。たとえば、最近3Dプリンターで銃をつくるというプロジェクトがあります。僕も最初は心を痛めていましたが、イスラエルを訪れた時に、誰もが銃を持っている様子を見て、少し考えが変わりました。そういう戦争と隣り合わせの国があるのを肌身で感じると、世界や社会はそれほど単純ではないことに気付かされます。また、そもそも3Dプリンターがなくても銃はつくれてしまいます。福島第一原発事故以降のさまざまな問題のように、マイナスかプラスか簡単には決められない複雑な問題がこれからも次々に起ってくると思います。なかなか結論が出せない問題を引き受け、しっかり議論していくためにこそ、コミュニティをつくることは、ファブラボが果たすべき役割のひとつだと考えています。

＊アメリカの「ディフェンス・ディストリビューティッド」による「ウィキ・ウェポン」。二〇一三年に発表された。

質問二　ファブラボは本当に誰でも自由に使えるのでしょうか?

田中　自由の定義によりますし、各ファブラボによっても違いますが、「ファブラボ鎌倉」では、コミュニティのメンバーになってもらったり、コミュニティに対して理解を示してくれる人と一緒に何かができるような環境を重視しています。つまり、誰に対しても同じ対応をするコンビニではなく、あえて地域の常連さんが集まる居心地のいい居酒屋のような場所を目指しています。そうなると、「無色透明」ではなく「色」を持ちます。今、日本には筑波と渋谷と北加賀屋と仙台にファブラボがあり、これから横浜にもできます。まだ数が少ないので、それぞれの雰囲気に合う、合わないがあると思いますし、鎌倉はダメでも筑波のギークな雰囲気がいいという人たちもいると思います。もっと数やタイプが増えていけば、自分にあったファブラボが見つけられると思います。

質問三　ファブラボには高額な機械が揃っていますが、利用者からお金をとっていないと聞きます。どのような運営方法なのか教えてください。

田中　ファブラボはフランチャイズ方式ではなく、大まかなコンセンサスだけをファブラボ憲章によって定めています。これまでの一〇年間は、そこでのある条件を満たせば誰でも名乗れるという仕組みで運営されてきました。なので、運営方法や組織のあり方は各ファブラボによって異りますし、実験的です。世界の事例を見ても、大学や行政がバックアップしているところ、科学技術館の中にあるところ、地域のＮＰＯがやっているところ、民間企業がやっているところ、フリーのデザイナーのシェアオフィスなど、非常に多様で、ひとつひとつ違っています。たとえば、行政がバックアップしているところは無料で工作機械が提供されていますが、デザイナーたちが自主的に始めたところでは、生計を立てる必要があるので場合によって有料です。また、素材を持ち込んで機械の利用だけなら無料、素材やワークショップは有料というケースもあります。ここも正解はひとつではなく、コミュニティと良いバランスを取りながらやっていくことが大事だと思います。これまで二年間やってきた「ファブラボ鎌倉」では、週一度の無料公開は概ね続けてきました。僕の経験から言えるのは、ワークショップなどで何かを学ぶという経験は、お金を払ってもらった方が真剣に取り組んでもらえるということです。それに気付いてからは、お金をいただくようにしています。寄付をお願いしたり、参加者に自由に費用を決めてもらうことも試しましたが、日本では寄付の文化が根付いていないので、いくら払えばいいいか、まだ迷ってしまうようです。良し悪しは別として、価格を設定した方が払いやすいのかもしれません。僕は二〇一三年三月からファブラボ鎌倉の運営から退き、今はデザイナーの渡辺ゆうかさんが合同会社をつくって経営していますが、彼女はデザイナーの新しい職能として、単に製品などをデザインするだけではなく、地域のコミュニティと一緒になってつくる、学びの環境自体をつくりたいと言っています。また、いろんな大学からインターンの学生が来て、手伝ってもらっています。引き続きデジタル工作機械は週一回、無料で公開し、それを使う時のトレーニングプログラムを有料にして運営していくそうです。それ以外の日は、委託のデザインなどをやっていますす。週二回くらいオープンするのが理想だと思いますが、ファブラボ鎌倉としては、無理をして大きくしないというポリシーがあるので、少しずつ成長させていけたらと思っています。背伸びをしない、等身大の活動であることも大切にしていきたいです。

質問四　これから目指す「ファブラボらしいものづくり」や「未来のものづくり」は、どのようなイメージなのでしょうか?

田中　単なるものづくりに留まらず、モノとコトを同時につくっていきたいという思いがあります。ものづくりを通じて、その場やコミュニティ、出来事などをつなぐことを考えています。

もうひとつは、国境を越えて世界と交流することです。イスラエルには、街中に「寿司バー」が沢山あります。ただ、そこで食べられる「寿司」は僕らが知っているそれではなく、似たような別の何かなんですね。日本の寿司との共通点と相違点が両方あり、それらが混じり合った広がりに豊かさを感じます。情報がそのまま複製されるのとは違い、ヒトが関わり、場所の影響を受けて、別の何かになって派生していく。改変されていく。そういう「染み出し方」に興味があります。大きく言えば、ビットとアトムの相互作用によってヒトとヒトのコミュニケーションが起き、混ざり合い、つながりが生まれ、ハイブリッドで多様な世界になっていくことを願っています。「ローカルでありながらグローバル」がここでの鍵だと思います。

田中浩也（たなか・ひろや）
一九七五年北海道生まれ／京都大学総合人間学部卒業／東京大学大学院工学系研究科博士後期課程修了／博士（工学）／二〇〇五年慶應義塾大学環境情報学部専任講師／二〇〇八年同准教授。二〇一〇年米マサチューセッツ工科大学（MIT）建築学科客員研究員。ファブラボ・ジャパンの発起人であり、二〇一一年に「ファブラボ鎌倉」を開設。
著書に『FabLife ―デジタルファブリケーションから生まれる「つくりかたの未来」』（オライリー・ジャパン、二〇一二年）など。また、ニール・ガーシェンフェルドの著書の新訳『Fab ―パーソナルコンピュータからパーソナルファブリケーションへ』（オライリー・ジャパン、二〇一二年）の監修。

リユースとコミュニティデザイン

山崎亮

僕は、普段「コミュニティデザイン」という仕事をしています。衰退した街や商店街をどうするか、その地域の人たちと一緒に考えたり、イベントを企画したり、活動をコーディネートしたりしています。当然、その仕事のヒントを探すために、世界中のコミュニティデザインの事例をリサーチしていますので、現代のコミュニティに関しては、いろいろな事例を知っているという自負があります。そんな僕が言うのだから間違いないですが、この「とびらプロジェクト」は世界でも最先端です。公的な美術館と大学の連携、さらにそこにさまざまな属性の人が集まり、もっと広く扉を開いていくこと。簡単にはできません。僕もそういうことをやればいいのにと思っ

たことが幾度もありましたが、なかなか許可を出す人もいませんし、呼び掛けて応募が沢山集まることも珍しいです。おそらく、今後二〜三年は日本のトップを走り続けると思います。今、「この坊主の髭面は何言ってるんだろう」というキョトンとした表情で眺められていますが、何もおべんちゃらを言っているわけではありません。ホンマです。

もちろん参加者の皆さんはそんな自覚はないと思いますし、好奇心や楽しみとか、おもしろい人が集まるから、という動機で活動されていると思います。ただ、二〜三年続けていくと、どうしてもマンネリ化していくので、その時に、自分たちがどういう位置にあるのかを見直してほしいと思います。今日は、「空間のリユースとコミュニティデザイン」というテーマで準備をしてきました。が、実は「とびらプロジェクト」の活動内容を知って、「ヤベー、空間の話だけをしていてもしょうがないぞ」と思い直し、「空間の」という言葉を外すことにしました。いくつか関係しそうなプロジェクトの事例も入れてきました。全国の他の事例も知っていただき、それを自分たちに反映させ、みんなで共有することが大切だと思っています。よろしくお願いします。

里山を利用し、使いながら公園をつくる —— 泉佐野

「泉佐野丘陵緑地」という大阪府のプロジェクトは、「とびらプロジェクト」に少し似て

いるかもしれません。ここでは「パークレンジャー」を募集し、自ら公園をつくっていくプログラムのお手伝いをしています。今、この「パークレンジャー」というネーミングについて猛省している次第です(笑)。「とびらプロジェクト」は良い名前ですね。「アウトサイダー・アート」や「アール・ブリュット」などの用語を持ち出すまでもなく、大文字のアートの外にいる人たちとも扉を開いてつながってしまおうという意図が明快です。東京都美術館の通称「都美(とび)」も掛かっているんですね。

さて、この丘陵は、関西国際空港の東にあり、空港をつくるために土が採られた場所です。そこに公園をつくる計画があり、プロポーザルによって選ばれて関わることになりました。野球場三〇個分くらいの広さで、土が採られていない里山や溜池も残されていました。そこで、土が採られた部分はお年寄りも来られるようなユニバーサルデザインの公園として整備し、それ以外は歩けるルートや農機具小屋、トイレなどの拠点だけをつくる計画を提案しました。そして、「パークレンジャー」を毎年四〇人募集し、その彼らがやりたいことを徐々に実現していくというものです。たとえば、「この段々畑を使って森の音楽会をやりたい」というチームがいれば、彼ら自身に音楽会ができるような場所をつくってもらい、「昆虫観察がしたい」と言われれば、チェーンソーを渡して、生物多様度の高い林床を目指して整備してもらいます。「公園をつくる人をつくる」という仕事です。

既存の里山を活かした整備をするために、その「パークレンジャー養成講座」を考えました。公園のテーマや景観のこと、土の大切さや、グラフィックデザイン、ＰＤＣＡサイクルなどを学んでもらいます。その講座を二回以上欠席すると脱落という、結構厳しい条件ですが、修了すると大阪府知事認定の「パークレンジャー」として、オープン前の公園で学んだ技術を活かせます。パークレンジャーを募集する時に、二〇～六〇代まで均等に来てもらうこともアリでしたが、やはり力があり余っていて、平日でも来られる六五歳以上の男性が適していると思い、その層が反応するようなチラシにしました。

そして、四〇〇字以内の志望動機を書いてもらい、志が高い人だけに応募してもらいました。応募の文章はすべて読ませていただきましたが、どれも熱く、素晴らしいものばかりで、全員ＯＫにしたいほどでした。泣く泣く三〇人を選考して第一回目の日曜を迎え、おじさんたちが集まった会場へ行って

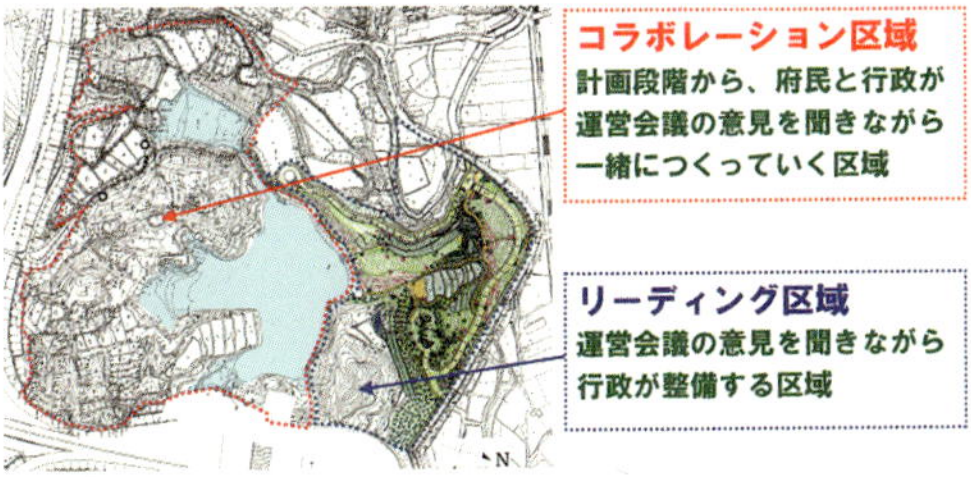

コラボレーション区域
計画段階から、府民と行政が
運営会議の意見を聞きながら
一緒につくっていく区域
リーディング区域
運営会議の意見を聞きながら
行政が整備する区域
N

＊ＰＤＣＡサイクル　事業活動において、生産や品質などの管理する方法。Ｐｌａｎ（計画）、Ｄｏ（実行）、Ｃｈｅｃｋ（評価）、Ａｃｔ（改善）の略。

みると、なぜか彼らはみんな機嫌が悪いのです。「なんでわしらがこんなとこ来なあかんねん」という表情でした。あんなに素晴らしい小論文を書いてくれたはずなのに……、と思いながらアイスブレイクをしていると、どうやら応募したのは彼ら自身ではなく、奥さんたちが勝手にしていたことがわかりました。募集のチラシを見たおばちゃんたちは、「旦那が定年退職して、いつも家におって鬱陶しいわ。これ、ちょうどええやん」ということで、達筆ですごい文章を書いてくれたようです（笑）。合格の知らせを受け取ったおばちゃんたちは旦那に、「あんた、今度の日曜にこれ行きなはれ」と手渡したわけです。岸和田や泉佐野といった大阪南部は、特に気性が荒いおっちゃんばかりですが、まずその機嫌を直してもらうのが最初の仕事です。studio-Lの新しいスタッフはまずここへ行かせることにしています。ものすごいおっちゃんたちの中で、よく育ちますすね。「何でワシがお前みたいなヤツのゆうことを聞かなあかんねん」というところからスタートしますが、何と

＊アイスブレイク
集まったメンバー同士の緊張感をほぐすための会話やゲーム。

＊チームビルディング
メンバー相互の信頼を高め、チームを結束させるための対話やゲーム。

＊リーダーズインテグレーション
リーダーとチームのメンバーの関係性を良くすること。

か第三回目くらいまでにはチームビルディング、リーダーズインテグレーションなどを通して良いチームができてきます。そして、具体的な公園整備の作業では、みんな脇目もふらず本当に夢中になります。われわれとしては昼食を共にしたり、互いに話をするという、講座や作業の間の時間も大事だと考えているのですが、皆さんなかなか山から戻ってこないほどです。若い女性スタッフの声では届かないので、彼女は北海道の実家に帰った時にカウベルという牛を呼ぶための鐘を買ってきました。その鐘を鳴らすとおじさんたちがわらわらと戻ってくるわけです（笑）。

冗談はさておき、通常、この規模の公園では一〇億円でハードをつくっても、その後の維持管理費（草刈り、木の剪定、花植え、人件費など）で年間二千万円、一〇年で二億円かかります。ですが、ここではまず二億円だけハードに使い、維持管理費（パークレンジャー養成講座のコーディネートの人件費等）一千万円を上乗せし、年間三千万円、一〇年で三億円という事業計画です。この予算は、大阪の大手企業五四社からなる「大輪会」がCSR（Corporate Social Responsibility：企業の社会的責任）として、出資してくれることになりました。大阪府の土地で、大輪会が公園とコミュニティを同時につくっていくというスキームを受け入れてくれたのです。一〇年後に、一二億円使った普通の公園と、五億円で公園へ迎え入れてくれる人たちが三〇〇人近くいる公園のどちらが良いでしょうか。里山という環境をリユースしながら、ヒトと組織を生み出すことを目指しています。

既にあるものをリユースし、利益を公益へ――家島

次は「いえしまプロジェクト」です。家島は瀬戸内海の、姫路市の沖にあります。先ほどの泉佐野丘陵緑地や淡路島と同様、関空のためにも土が採られたところですが、主要産業の採石業は下火になっていました。二〇〇二年に、studio-Lに参画していた西上ありささんという学生（今はstudio-Lのスタッフ）が、卒業制作の対象として地図にダーツを投げて当たったところで、まったくの偶然からスタートしました。二〇〇四年には自治体からまちづくり研修会を頼まれ、島の人たちと一緒におもしろいと思えるポイントを探してガイドブックをつくりました。これはよくある話で、観光客を呼び込んで多少のお金が回るように、という目論見です。島の人たちとフィールドワークをして写真を撮ると、神社やお祭りや桜の名所、海が見えるきれいな丘、「どんがめっさん」という伝説の岩などが出てきます。ただ、これらは僕たちのような大阪の人間にはそれほどおもしろいものではなく、段々とテンションも下がってしまったのですが、島の人も役所の人も喜んでくださったので、当時は本音が伝えられませんでした。この時にわかったのは、地元の人が良いと思うがままに素直にガイドブックをつくっても、都会からの観光客に

響かせるのは難しいということです。地元の人が喜んでくれるのは良いことですが、アピールする力を考えると、やはりその環境をヨソモノから見たおもしろさを発信する方が良いだろうと思いました。

翌年（二〇〇五年）は、プロジェクトのキャッチコピーとして「探られる島」を思い付きました。われながらなかなか冴えていますね。大阪から現地へ向かう電車の吊り広告に「試される大地」というのを見つけたので参考にしました（笑）。ところがその提案は、「あんたら大阪の人がやりたいんでしょ」と言われ、予算が降りなかったのです。しょうがないので、自分たちで参加者を集め、二万七千円の参加費（宿泊、食事、千部の冊子印刷費含む）で一週間島に滞在してもらうというプランをつくりました。チラシをつくり、全国の大学や若手の社会人がいそうなところに配布しました。そんな奇特な人はいるのか不安でしたが、三〇人限定の枠はすぐにいっぱいになりました。東京や千葉からも来る人がいました。そして、集まった人たちでまず仲良くなり、作戦を練り、歩き、街の人にも話を聞いて、撮った写真を整理して、家島は外から見れば、これが魅力だということを伝えるための一六ページの冊子をつくりました。

僕が独立したのがちょうどその年で、ハードからソフトへ、コミュニティやプログラムをつくるという理念の元に立ち上げたstudio-Lのウェブサイトには「人と人をつなぐ会社です」と銘打っていました。誰がお金出してくれんねんという感じでなかなか怪しげでしたね。当時は仕事もお金もなく暇があったので、その「探られる島」は企画段階で「五年間のプロジェクト」と書いてしまったのです。まずは謙虚におじゃま邪魔するところから始まり、観光やおもてなしを特集し、家に上がりこんで泊めてもらい、四年目には空き家で一週間生活をし、五年目には島の仕事を知るために働いている人のところへ修行に行く。徐々に生活の深いところへ入り込む計画です。その五年の間に仕事も忙しくなりましたが、地域の人たちとどう関わるか、集まってくれた人の満足度をどう高めるかなど、いろいろなことを学ばせてもらいました。これは、行政財源に頼らない「まちあそび」の展開であり、新たな観光の模索であり、島の外からの視点を導入する試みでした。

一年目に発見した家島の魅力を少し紹介します。通常、家の中にありそうな、ちょっとルーズなもの、中途半端なもの、やりかけのものなどが外に出てきているのがおもしろいとこ

「探られる島」一年目の冊子より。

ろなのです。港に着くと、そこに扉があって、誰かの家に「お邪魔します」という感覚だと違和感なく過ごすことができます。やはり、離島ではモノを仕入れるのにも、廃棄処分にも、すごくお金がかかってしまうので、リユースや転用のアイデアに長けた人たちがさまざまな「使いこなし」をやっているわけです。家島のおばちゃんたちには、「なんでわたしらの恥ずかしいとこばっか写真に撮んねん。あかんわ！」と猛反対されてしまいましたが、「絶対にあかん」数枚の写真をボツにし、それ以外で何とか冊子をつくりました。それ以降、徐々に冊子を持ってやって来る旅行者がポツポツ現れ始め、おばちゃんたちも「あの畑の冷蔵庫どこにあるんですか？」と聞かれたりして、素のままの島がおもしろがられているということに段々気付いていきます。そして、ついに一四人のおばちゃんたちが二〇〇七年にＮＰＯ法人いえしまを設立してしまいました。当初は誰もＮＰＯを知らなかったのですが、僕はずっと「ＮＰＯは良い」と言い続けていました。島の人たちはこのおばちゃんたちのチーム名が「ＮＰＯ」だと思っています。「Ｏ」は「Ｏｂａｃｈａｎ」の「Ｏ」ですね。彼女たちの「クリエイティブリユース」は、海産物を加工して販売していることです。通常、漁業の仲買さんは形と大きさの揃ったものしか買ってくれないので、それ以外は家で食べるか捨てています。おばちゃんたちはこれがもったいないと気付き、破れ海苔を安く仕入れて佃煮をつくったり、鯵の開きを炭火焼きにして真空パックにしています。これがなぜできるかと言えば、彼女たちは、漁協のメンバーや漁師の奥さんたちだからです。旦那さんたちもそう強くは咎められません。

僕には原研哉さん、大黒大悟さん、梅原真さんなどのデザイナーの旅行友達がいます。彼らと瀬戸内の島を旅行しよう、家島にも行こうという話になりました。そこで僕は、家島のおばちゃんたちに「今度みんなで行くからよろしくね」と連絡をしたところ、新鮮な魚介料理で歓待してくれました。それは良かったのですが、おみやげと称して、海苔の佃煮を詰めるための瓶と一緒にマジックとシールを渡し、その場で「あんたら、それ持って帰ってええからデザインしなはれ」と、デザイナーたちにラベルをつくらせてしまいました。彼らは、ライバルが目の前にいることもあり頑張ってくれて、さらに事務所に帰ってから整えたデータも送ってくれました。商品名は、海苔の佃煮だから「のりっこ」です。茎わかめの煮物は「くっきー」にしたかったようですが、パソコンとプリンターを持っている唯一の若手（五五歳

「あなごいち夜干し」、「ちりめんじゃこ」、「のりっこ」。

くらい）のおばちゃんが「くきっきー」と間違えて打ってしまったので、そのまま商品になっています（春期のみ販売）。そんな具合ですが、デザイナーにリデザインしてもらうとちゃんとしたモノになりますね。

　というわけで、リユースによって新しい特産品を開発し、それが島のPRになり、利益を生んでいます。この利益をさらなる島の広報や、コミュニティバスの運営に使っています。まさに「公を担う民としての役割」を持っています。また、僕たちも関わっている島根県の海士町へ視察に行って、商品開発の勉強もしています。勉強会でみんなが着ているのはオリジナルのTシャツです。こういうものをつくる時は相談してほしいと思うんですが、僕がデザイナーだという

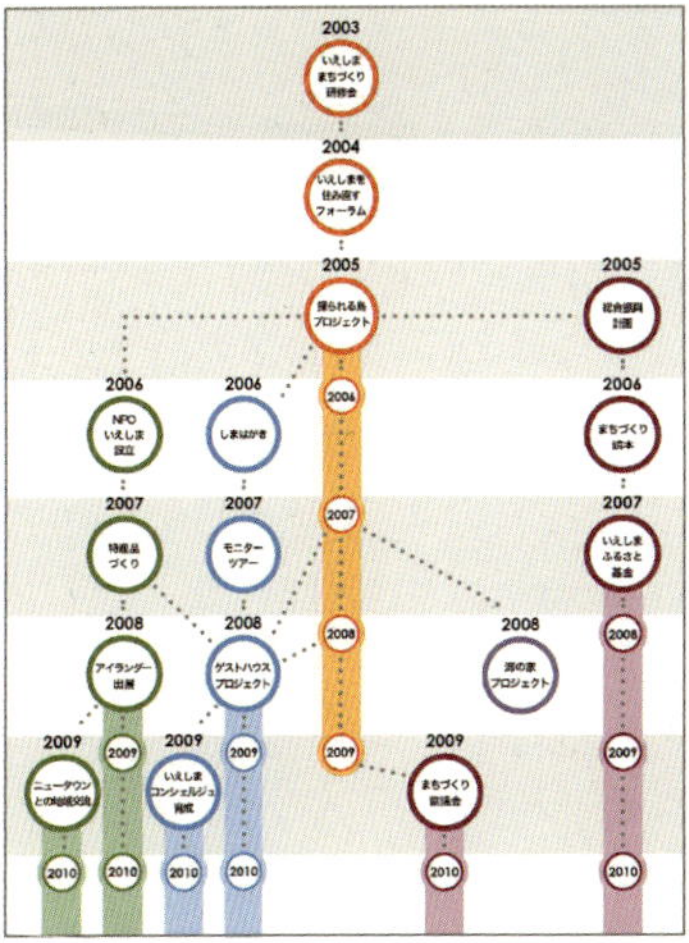

2009年にstudio-Lがプロジェクトから身を引いた後に「いえしまコンシェルジュ養成講座」などのプロジェクトがスタートしている。
家島に住み込み、案内をする「いえしまコンシェルジュ中西」のURL→
http://nakanishieshima.jimdo.com/

ことは忘れられています。多分、僕が喋り過ぎなんでしょうね(笑)。「やまざきさーん、つくってん、これ」「いやいや、ダサいからそのバックプリントは(笑)」みたいな感じです。今やこのNPO法人いえしまは結構有名で、国会でも話題になったり、各自治体から市長クラスが視察に来ています。おばちゃんたちは、素のままの自分たちで良いということを知っているので、視察団を場末のスナックに連れて行って、歌って踊って楽しんでいます(笑)。

studio-Lは、二〇〇九年に家島でのプロジェクトから一旦身を引きましたが、われわれがいなくなった後に「いえしまコンシェルジュ養成講座」が始まりました。泉佐野の「パークレンジャー」のように、家島を案内してくれる人を養成しています。

アートを通したコミュニティの形成――小豆島

同じ瀬戸内海で、家島のすぐ近くには小豆島があります。二〇一三年の「瀬戸内国際芸術祭」で「小豆島コミュニティアート」というプロジェクトをやりました。われわれは「ハードはつくりません」と言い続けてきたので、デザイナーとしてただ作品をつくるのでは盛り上がりません。そこで、住民の人たちと一緒にアート作品をつくり、その制作の過程で住民同士が仲良くなってコミュニティができれば、その人たちの関係性こそが作品であると考えました。神戸港から出ているフェリーは坂手港に着きますが、プレハブの観光案内所があって「んごんごクラブ」という民間団体によって運営されています。「んごんご」は小豆島の方言で、蝉の幼虫という意味だそうです。この観光案内所の文字はよく見ると、蝉の抜け殻をリユースしてつくられています(笑)。そんなわけで、家島のように島ならではのリユースや転用をやっているのではないかという期待がありました。

現地調査をすると、不用品として、名物の醤油を絞った後の布や使われていない樽、オリーブの剪定枝など、いろいろなモノがあることがわかりました。その中で注目したのは、お弁当の中に入れる醤油の「たれ瓶」です。それに醤油を詰める業者さんは、規格が変わってしまった不用品が大量にあって困っていました。また、フィールドワークをしていると夕飯も島でいただくことになりますが、やはり刺身が出てきます。驚いたのですが、小豆島の人たちはお皿に注いだ醤油を

使われなくなったたれ瓶に、古い醤油を薄めて詰めていく。

光に透かして新しさを見るという習慣がありました。下が透けていない醤油は酸化してしまった古い醤油で使わないそうです。醤油使いがすごく荒いんですね。かつ、今回の展示場所は、たまたま「旧醤油組合」の建物でした。これは醤油にこだわるしかないと思い至りました。ワークショップやスタディの結果、その古くなった醤油を段階的に薄めてグラデーションをつくり、使われなくなった八万個のたれ瓶に詰め、それらをアクリル板に貼って、光が透ける壁をつくることにしました。そして、集まってくれた人たちと、幼稚園、特別養護老人ホームなどにも持って行って、住民参加で瓶詰めをしました。昔の「小豆島醤油工業組合」の看板が見つかったのでそれも使いました。

縦3m×横13mの壁。かなりの重量になるので、透けない部分に軽量鉄骨を入れている。その構造スパンを決めてから、醤油のグラデーションを割り出した。

プロジェクトを機に生まれた「ひしお会」。

「瀬戸内国際芸術祭」が開幕し、ヤノベケンジさんなどのアーティストがつくった作品などもある中に、小豆島の住民がつくった作品があります。アーティスト名は「小豆島町民＋山崎亮＋studio-L」です。事務局は僕たちの名前を前に出したいようでしたが、何度も校正を入れて、今はすべてこのクレジットで統一されています。たれ瓶工場の社長さんも喜んでくれましたし、これを機に結集した五〇人もの住民は、「ひしお会」というまちづくりの会をつくりました。実は、われわれの本当の作品はこの「ひしお会」だと思っています。空間とモノをリユースし、それがきっかけとなり、まちづくりが始まりました。この壁のある空間で話し合いをしたり、カフェの営業を続けながら、その利益を公益に変えていくそうです。最終的に、息の長い作品になることを願っています。

空いた公共施設に新たなプログラムを――立川

次は「立川市子ども未来センター」です。立川市市民会館が改修されて、約五万冊の蔵書を持ち、企画展示やイベントも行う「まんがパーク」が入りました。その指定管理者を担っています。ここでは、漫画と地域のテーマ型コミュニティをつなぐことを考えました。たとえば、芝生広場に出ていける本棚付属の自転車にスポーツ漫画を入れて持ち出します。芝生でサッカー漫画を読むと、体がムズムズしてきますが、ふと脇を見ると、立川市のサッカークラブがあるわけです。サッカークラブから漫画へ、または漫画からサッカークラブへ、というように、入口をふたつにして互いに出会えるように考えました。囲碁教室と囲碁の漫画、料理の漫画と料理教室などです。今は市民活動団体の方々にプログラムをつくってもらっています。まずは漫画を隅々まで読み込んでもらい、そこから活動につなげられそうなアイデアを一〇個出してもらいます。そのワークショップでは漫画のカードを使っていますが、「とびらプロジェクト」の「廃材カード」(1・241頁)と同じですね。また、子どもたちと一緒に描いた漫画が沢山壁に貼られていたり、廊下や階段に漫画から拾った印象的な言葉が並んでいます。これは市民会館のリユースですね。建築的に言えば、リノベーション+コンバージョンをして、もう一度使い直しています。

ワークショップで用いる漫画のカード。

中心市街地の空き家再利用——佐賀

佐賀市は県庁所在地にもかかわらず、中心市街地は駐車場だらけでスカスカになっています。そんな場所で、建築家の西村浩さんがコンテナをリユースした「わいわい!!コンテナ」をつくり、空き地に置かれています。そうしたハードはできたのですが、中身であるソフトの相談を受けました。「佐賀まちなか再生計画」です。

　コミュニティや活動は持続が大切ですが、世のため人のためという滅私奉公では長続きしないので、佐賀市でも「何か楽しいことをやりましょう」という話をしました。でも、佐賀の人たちはすごく真面目で、「楽しいことをやりましょう」と繰り返していると段々機嫌が悪くなってしまうのです。そこで、「街なか三日学校」という真面目なワークショップを行いました。街の空いているスペースをリユースして、空間に合わせた活動をしていくためのワークショップで、沢山の人たちが参加してくれました。そして、趣味でも労働でもない余暇を、街にとっての「よか」活動にする、二九一種類の具体的なプランが出てきました。そして、「通り・クリーク」「空き地」「空き家」

中心市街地の空き地に置かれた「わいわい!!コンテナ」。

「大型施設」「情報発信」という五つのチームによって活動が行われています。

たとえば「空き家」チームでは、まずチームの誰かが自分の家でつくっているような気取らないレシピを他のメンバーに教える料理教室を開きます。みんなでそれを習いながら、あえて食べ切れないほどつくり、教室が終わった夜七時から食堂としてその料理を出すというものです。これは「うちん食卓でめしくわん」というプロジェクトです。「情報発信チーム」がフェースブックのページを立ち上げ、一～九が付く日のそれぞれの担当者が、各チームの活動や、街なかのおもしろいコトを「わたし、気になります！」という記事にしています。

商店街の営業店舗をリユース――観音寺

次はとっておきのもので、まだ成功とは言えない新しい試みです。香川県の「観音寺まちなか再生計画」というプロジェクトで、二〇一一年から始まった商店街のリユースです。今、

佐賀弁で「うちの食卓でご飯食べませんか」の意。サブタイトルは「きゅうのしゃーはだいのしゃー」で、「今日のおかずは誰のおかず？」の意。

商店街は日本全国で問題になっています。人口五万人程度の街の商店街はどこもシャッターが閉まったままで、猫しか歩いていないようなところばかりです。一部のアーケードは既に撤去され、道も拡幅されているので、商店街にすら見えないところもあります。

ここで、今までバラバラだった七つの商店街が初めて連携し、将来を考えようということになりました。初年度は、観音寺の魅力や悩みを探ったり、街歩きをしたり、今後の取り組みを考えるワークショップを全三回行いました。商店街の六〇代の方々からはなかなか良いアイデアは出てこなかったのですが、抜群におもしろいと思ったのは「店の中に店がある」お店です。「花屋＋雑貨＋カフェ」や「着物屋＋パン屋」などです。なぜこういう状況になるかと言えば、たとえば「下着屋＋ケーキ屋」の場合、下着屋をやっていたお店の息子がパティシエになり、いきなり独立して自分で店を開くのはリスクが高いので、ひとまずこういうかたちになっているわけで

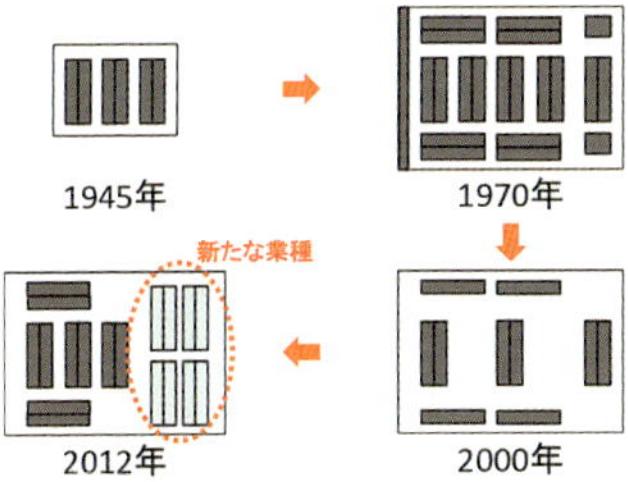

店舗の商品数と陳列棚レイアウトの変遷。

下着屋＋ケーキ屋。

す。下着を買いに行くと、ついでにケーキが食べたくなって横で買う。帰ってケーキを食べたら下着のサイズが合わなくなってまた買いに来るというマッチポンプで、よくできていますね(笑)。もちろんこの状態は、観音寺のオリジナルではないので、他の街でもあり得ると思いますが、廃れた商店街でも、東京などの活気のある商店街でもなかなか見られない光景です。この現象には、歴史的背景があります。戦後に開かれたお店が一九七〇年代の高度経済成長期を経て、並べればどんどん売れるという時代がありました。その後、二〇〇〇年前後にインターネットや巨大ショッピングモールの台頭によって、商店街ではお得意さんが買う商品だけを並べるようになり、品数が減ったので陳列棚がスカスカになったわけです。その場所に新たな業種が入っています。

既存の下着屋では、スペースを「寄せて」息子のケーキ屋を新たに「上げ」ていますが、親子関係に限らず、オーナーが「寄せて」、商売をしたい他の誰かを「上げる」という「観音寺モデル」を考えました。商売をしたいと考えている若い人に、まずは無料で始めてもらいます。うまく回ってくれれば、いずれ商店街の空き店舗を借りるかもしれません。空き店舗ではなく、営業店舗内をリユースし、商店街にインキュベーション機能を持たせるという方式です。オーナーは朝九時に店を開けて、夕方六時に閉める。その間に若い世代が店を開けば安全でもあります。一～二年たてば、いろいろと話をして、信頼関係も深まるでしょう。その上で必要であればスペアキーを渡します。

オーナーたちは是非やってみようと言ってくれたので、二〇一二年度のワークショップでは、企業したい若い人たちとの接点を考えることにしました。いろいろ話し合ったのですが、結論としては、良いアイデアはなく、高齢者は若い人たちとなかなか出会えないということがわかりました。

ところが、思いも寄らないところからきっかけが生まれてきました。僕は、ワークショップ後の打ち上げや飲み会を禁止していました。ワークショップで「まあ本番はこの後だからね」と意味ありげに笑ってくる人、よくいますよね（笑）。でも、僕はワークショップ自体が本番だと思っているし、皆さんにもそう思ってもらいたいし、そもそも僕がお酒を飲めないのです。そんなわけで、観音寺の人たちはワークショップ後にそれぞれひとりで飲みに行っていました。その中で竹内勉さんという人がフェースブックに自分が飲んでいるところを写真付きで「今宵もはじまりました！」と書き込みました。その投稿のコメント欄では、他の参加者も「こっちも始まりました」「こっちもやってます」などと盛り上がり、会話が始まったのです。みんなバラバラの居酒屋にいたわけですが、「ワークショップの後じゃなきゃいいんだろ」ということで、飲み会が始まりました。そして、それをユーストリームで中継しているのが「今宵tv」です。「観音寺発のご当地番組」と謳われていますが、実態はみんなで集まって、「そんなこと言っちゃっていいんですかw〜?」とか言いながら飲んでいるのがダダ漏れしています（笑）。見ている人より出ている人の方が圧倒的に多いくらいですが、個人の投稿から始まり、人がどんどん集まってきて盛り上がっているのがおもしろいです。そして、ついにそこに若い人たちがちらほら現れてきたのです。おじさんたちはエスカレートしてグッズをつくり始めています。商店街の人たちなので、取引先にいろんな人がいて、すぐにこういった提灯や缶バッジなどをつくってしまいます。行動力はありますが、センスはちょっと……という感じです（笑）。イベントも活発にやっていて、さらに若い人たちが集まり始めています。今後が楽しみです。

遠回りしない幸福論

今日ご紹介したのは、すべてリユースによってコミュニティをデザインしているのが共通点ですが、これは「遠回りしない

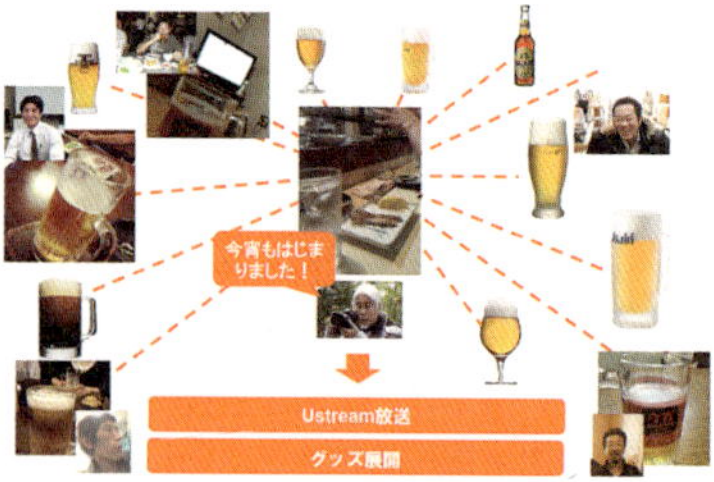

ひとりのつぶやきからスタートした「今宵tv」。
http://www.ustream.tv/channel/今宵tv

幸福論」です。景気によって回るお金を介さずに、地域や身の回りに既にあるものを使いこなしながら、価値を生み出したり、活動してしまうこと。新しい空間をつくったり、材料を購入せずにできるコトは沢山あります。リユースでは、どうしても思い通りにならないことが沢山出てきますが、だからこそ「ブリコラージュ」や、創意工夫、人と人のつながりや協力が必要になります。お金を出して業者に任せる、アーティストを呼んできて任せるでは、単に鑑賞者になってしまいます。今、景気回復が大きな政治的課題となっています。ただ、景気回復してどうなるかを問うた時に、売上げがアップして給料が上がる↓欲しいモノが買える↓大きな車を買って友だちと旅行へ行く↓みんなでおいしいものを食べる、「モノより思い出、絆の方が大切だ」という話はよく聞きます。ですが、そんな目的ならば、みんなで余っている場所や空間を使って、おいしいものを持ち寄ればすぐに達成できます。景気回復も重要ですが、わざわざ遠回りする必要はなく、既にあるモノ

＊ブリコラージュ
手に入るものを寄せ集め、自分でつくること。
レヴィ・ストロース『野生の思考』参照。

をリユースすれば良いのです。これはデフレの時代に初めて持つことができた発想や知恵です。もちろん景気が上向けば良い面もありますが、ある面では、僕らのクリエイティビティを失わせる可能性もあります。

江戸の小咄を紹介します。ずっと寝ている怠惰な若者と長老の会話です。長老「いい若者がなんだ、昼間から寝てばかりで。起きて仕事でもしたらどうだ」、若者「起きて仕事をしたらどうなるんですか」、長老「仕事をしたら金がもらえるじゃないか」、若者「金がもらえたらどうなるんですか」、長老「いつか金持ちになれるじゃないか」、若者「金持ちになると何がいいんですか」、長老「金を使って人を雇えば、寝て暮らせるぞ」、若者「それならもう寝てます」。つまり、今寝られるなら寝ればいい、遠回りする必要はないという幸福論を僕たちは知ってしまっているわけです。

われわれはリユースによって、活動の担い手やコミュニティを育成する仕事をしています。その過程を通して、各自、チラシのデザインがうまくなったり、補助金の申請ができるようになったり、報告書が書けるようになったり、それぞれがパワーアップしていくのも素晴らしいですし、それだけではなく、新しいメンバーをコミュニティに迎え入れ、ゆるやかなつながりを生み出していきます。それは日常において幸福を感じさせてくれます。また、東日本大震災のような大きな災害に対しても、地域内で互いを心配したり、助け合う関係はとても重要です。コミュニティデザインは、空間や場所を転用したりうまく使いこなす「クリエイティブリユース」によって、ヒトとヒトのつながりをつくり出すことです。日本でトップを走る皆さんの今後にも期待しています。

質問一　いろいろなプロジェクトの紹介がありましたが、うまくいかなかった事例はあるのでしょうか？　また、あればなぜか教えてください。

山崎　まだ会社を立ち上げて一〇年弱ですが、プロジェクトが雲散霧消してしまったり、コミュニティが途中で喧嘩別れしてしまうといった失敗事例はなく、すべて成功しています。と言うと偉そうに聞こえてしまいますが、実は成功するまでやるので失敗がないだけです。ほとんどのプロジェクトは三年以上続くので、それなりに危機的な局面もあったりします。人が少なくなったり、参加者の表情が浮かない感じになってきたり……。ただその状況に気付いた時、すぐにリカバリーするための方策を考えます。逆に、盛り上がり過ぎてしまった場合は早々に燃え尽きてしまわないよう火消しも考えます。

コミュニティの活動は学生の部活動に似ていて、他の事例を知る（練習）、社会の中で実際に試して人々の反応を見る（練習試合）、全国的な報告会やマスメディアでの反応を見る（大会）、新しいメンバーを入れる（新入生勧誘）、リーダーやメンバーが定期的に交代してしていくこと（世代交代）が重要です。最終的には、その地域の人たち自身でプロジェクトを進められるようになることがわれわれにとって成功ですが、その後もコミュニティがずっと続いていくことが良いのかはわかりません。コミュニティには、創成期・混乱期・機能期・解散期が必ずあると思いますし、最後は、やはりコミュニティ自身がそれを自覚して、発展的に解消されることが良いと考えています。この先一〇年後、二〇年後はまだわかりません。どのようにクリエイティブな失敗や混乱や解散があり得るかも考えていきたいですね。

質問二　仕事柄、行政の方と関わることも多いと思いますが、行政側が抱えている問題についてどう考えられていますか？

山崎　「行政の関わり方」と「予算化」の問題の二点があると思います。まず前者ですが、行政の職員の方はまちづくりを自分たちでやらなくてはいけない仕事だと考えていたり、議会の方々が「行政の仕事」だと考えている場合があります。ですが、それは効率が悪いです。僕は兵庫県の職員をやっていた経験もあるのでよくわかりますが、県庁の山崎亮という名刺を持って行くと「お前は税金ばかり使って何してくれんのや。市町村の役場の人はええけど、県のやつはほとんど顔も見せへんな」というところからスタートします。ところが、民間人としての名刺を持って行くと「大阪から来てくれたんや、遠いところありがとうな」という会話から始まります。つまり、行政というプロフィールを身にまとっていると、住民たちとはどうしても要望陳情型の話になり、それを乗り越えるのが大変で、時間もかかります。僕は行政に携わっている友人も沢山いて、彼らのコミュニケーション能力は高いのですが、「飲み会にも顔を出して、今ではすっかり仲良しですよ。三年かかりました」と言われても、それは税金の無駄使いと言わざるを得ません。行政が地域の信頼を得るのは悪いことではありませんが、民間の立場なら三日で十分そういった関係を築くことが可能です。行政の人たちは自分自身が直接関わるのではなく、行政のプロとして、予算化し、より効率の良い人に発注すべきだと思います。

もうひとつは、その「予算化」についてです。行政は、随意契約やプロポーザルの仕組みを考え、議会や住民に対しての透明性を担保しながら、民間のプロに発注することのメリットや意味を説明する書類をつくる必要があります。ところが、行政内の予算書や決裁書、そして思考の回路も、そういった新しいアイデアを通せるようなフォーマットになっていないのが実情です。まちづくりのコーディネートは、この一〇年ほどでようやく認知されてきた仕事ですが、行政の人たちは発注したくてもできなくて困っています。ですから、クリエイティブな決裁書をつくったり、査定でダメだと判断されても復活査定で市長に届くような仕組みを考えることが大切です。最近は、行政の部長クラスを飛び越えて、直接市長に会わせていただく機会も多くなっています。市長と行政の部長と若い衆と僕というメンバーで持つ議論の場では、市長が唯一の政治家ですから、勘が働き、何が大事かをすぐにわかってもらえる場合が多いです。部長クラスの人たちは経験豊富ですが、若い頃に高度経済成長期やバブルを経ているがために、道路や箱モノに予算を付けることに慣れています。一方、若い衆は公共事業が減っている時代をリアルに感じていますし、行政が至れり尽くせり施すのではなく、住民が立ち上がるきっかけをつくらなくては、と考えています。

studio-Lは二五名ほどのチームですが、その約半数は行政の仕事を経験しています。また、時に行政へ出向もさせます。行政内部の手順がわかっていないと行政の方と一緒に決済書類をつくったり、上へ上げていくことは難しいです。住民が企画の良さだけで正面突破しようとしても、なかなか予算が付かず、結局「行政はわかってない」となってしまうのは残念です。それではプロジェクトは進みません。行政の方はサボっているわけではなく、真面目に仕事をしていますから、その中でいかに課題を予算化し、自ら出て行かなくても動かせるようにしてあげられるかが重要です。われわれの仕事は、住民と行政の間に立ち、関係性をつくることです。そして、徐々に互いの距離感を縮めてもらい、最終的にはわれわれがフェードアウトするのが理想です。行政の方も、そういったまちづくりの「関わり方」と「予算」というふたつの問題を認識しながら、想像力や実行力のある人たちをうまくつないで、企画を通していってほしいと思っています。

山崎亮（やまざき・りょう）
一九七三年愛知県生まれ／大阪府立大学農学部卒業／メルボルン工科大学環境デザイン学部にてジョン・バージェスに師事／大阪府立大学大学院修了／SEN環境計画室勤務を経て、二〇〇五年studio-L設立／地域の課題を地域に住む人たちが解決するためのコミュニティデザインに携わる。まちづくりのワークショップ、住民参加型の総合計画づくり、建築やランドスケープのデザイン、市民参加型のパークマネジメントなど。二〇一三年東京大学大学院博士課程修了／博士（工学）
著書に『コミュニティデザイン──人がつながるしくみをつくる』（学芸出版社、二〇一一年）、『コミュニティデザインの時代 自分たちで「まち」をつくる』（中公新書、二〇一二年）など。
studio-L代表、京都造形芸術大学教授（空間演出デザイン学科長）、慶應義塾大学特別招聘教授。

廃材がつなぐコミュニティ

稲庭彩和子（東京都美術館学芸員 アート・コミュニケーション担当係長）
伊藤達矢（東京藝術大学特任助教／とびらプロジェクト・プロジェクトマネージャ）
とびラー（とびらプロジェクトアート・コミュニケータ）
大月ヒロ子

美術館とその外をつなぐとびらプロジェクト

稲庭　これまでのレクチャーを踏まえながら、ここからは美術館で行う廃材を介した活動について見ていきたいと思います。
まず、今私たちが取り組み始めたこのクリエイティブリユースの活動の基盤となる「とびらプロジェクト」を簡単に紹介します。東京都美術館は二〇一二年四月にリニューアルオープンしました。ハード面の改修と共に事業の内容も一新し、新たに美術館の使命を明確にしました。その中でのキーワードのひとつが「創造と共生の場＝アート・コミュニティを築く」です。そうした背景があって、リニューアルと同時に、都美術館と東京藝術大学が連携し、アート・コミュニティ形成事業「とびらプロジェクト」が始まりました。とびらプロジェクトは、アート・コミュニケータ（愛称：とびラー）を一般から募集し、その方々と学芸員と大学の教員が一緒に「美術館がこんなふうだったらいいな」ということを実行していくプロジェクトです。「とびラー」は、サポーターではなく、学芸員や大学教員とフラットに対話をし、主体的に活動をしていく美術館でのプレイヤーです。募集の約五倍の方々から応募があり、選考を経て、現在約一二〇名のとびラーが活躍しています。二〇〜三〇代が半数を占めているのが美術館のボランタリーな活動としては特徴です。一年目にしてとびラーの活躍は目覚ましいものがあり、昨年度（二〇一二年度）は、とびラー同士の自主的な企画打ち合わせや勉強会だけで、延べ一一四回も行われました。詳しくはウェブサイトに沢山の活動報告がありますので、ぜひ「とびらプロジェクト」で検索していただければと思います。

では、なぜ美術館で廃材を使った活動をするのか。美術館は作品を鑑賞する場ですが、鑑賞って何だろう？　ということを突き詰めていくと、モノをよく見て想像力を働かせ、新しい世界に出会うことなんですね。つまり、クリエイティブリユースの活動と美術館は実は相性がいい。鑑賞の対象が「名画」であることと「廃材」であることは、一見真逆のような感じがするかもしれませんが、鑑賞側の行為のプロセスとしては近い。展示室にある作品とは違う廃材の魅力とは、観察・鑑賞してさらに「手を加えることができる」点です。造形活動と鑑賞が自然とつながっていく点も魅力です。そこで、長年クリエイティブリユースをリサーチされてきた大月ヒロ子さんに相談し、都美術館でも地域の廃材を紹介する教育ツールの開発から始め、今年度の新規事業「Museum Start あいうえの」という子どもを対象とした「ラーニング・デザイン・プロジェクト」につなげていくことになりました。

伊藤　そうですね。ただ、こうした活動は大学と美術館が連携しただけでできるものではなく、とびラーたちとの活動や、地域の人々とのコミュニケーションの中で実現されていくものだと思います。廃材を通したクリエイティブリユースの活動が、地域と美術館をつなぐシナプスになり、「創造と共生の場＝アート・コミュニティ」を築いていければと思っています。

廃材には、その地域ごとの特徴がよく現れています。たとえば、上野界隈には小さな工場が沢山あって、畳屋さんや筆屋さん、それに桶屋さんに絵の額屋さんなど、街の雰囲気が詰まった廃材を手に入れることができます。街の雰囲気や特徴を感じることは、新しい取り組みを始める上でとても大切です。山崎亮さんの話では、小豆島での醤油のたれ瓶の発見がありましたし、中台さんも、廃棄物を仕分けた時の美しさに気付かれたことがきっかけで、その後のイベントなどが始まったとおっしゃっていました。廃材に新たな光を当てたり、考え方を変えることで、人が喜んでくれたり、誇りを持つことにもつながったりする。そんなおもしろさがリエイティブリユースにはありますね。

上野界隈での廃材収集ドキュメント

伊藤　「とびらプロジェクト」では、この二～三月にワークショップを行い、計三回、美術館の周辺を歩いて回り、実際に廃材のリサーチと収集を行ってきました。上野界隈には、中が見てみたくてもノックするにはちょっと気が引けるような「気になる扉」が沢山ありましたから、思い切って尋ねてみました。つまり、廃材を探すことでコミュニケーションのきっかけを得ることができたわけです。そこで、その時の様子を、実際に参加したとびラーの皆さんに聞いてみたいと思います。

小野寺伸二（とびラー）　鞄屋さん、額屋さん、内装屋さん、畳屋さん、桶屋さん、藝大などを回りました。たとえば「得應軒」という日本画材料屋さんでは、梱包用の段ボールを扱っていました。そのお店のおじいさんは、届いた梱包材から毎回金具を取って集めていたのです。ところが、高価な銅だから売れると思っていたのに、実は別の金属で、処分に迷っていたのを、そのお孫さんと思われるお店の方から提供していただきました。

新倉千枝（とびラー）　お店の人たちの日常から、だんだんとその裏側が見えてくるのがとても楽しかったです。また、絵を描くための絵の具や折り紙をするための紙などと違い、廃材は使い方が定まっていないのがおもしろいと思います。時計屋さんで壊れた時計をもらった時は、どう使えばいいかわからなかったのですが、分解するだけでもいいし、パーツで音を出したりと、単純な楽しさがあります。今、子育てをしていて、子どもには「しちゃダメ」と言うことが多いのですが、こうした新鮮な驚きや感動は大切だなと思いました。

鬼澤舞（とびラー）　私は昔から道端に落ちているモノを拾うのが好きで、子どもの頃は親に怒られるので隠していたのに、このプロジェクトでは堂々と集められるのが嬉しかったです。街の人と出会う機会があり、皆さんがつくっているモノから出る廃材と、私たちがほしいモノがつながることがすごいなと思いました。最初に知らない扉をノックする時は緊張しましたが、慣れると意外とスムーズだったのが印象的でした。

小野寺　お店の方は営業中なので、はじめは邪魔になるのではないかと心配しましたが、「廃材を美術館で利用させていただきたい」という説明をすると、意外と話が進んでいきました。お金儲けのためではないと明らかにしたこと、また、ものづくりをしているところへ行ったことも理解につながったと思います。都美術館と藝大という、近所かつ、ある種の信用のある機関の名前を伝えたのも効果的でした。もちろん門前払いされることもありましたが。話していると、皆さん嬉しそうな表情に変わっていきました。もしかすると、不要なモノでも捨てることに負い目を感じられていたのかもしれません。もらう／あげるという異なる立場であっても、廃材は互いに喜びがあると思いました。

稲庭　とびラーの皆さんは、公共的な機関と、商売をされている方との間の中立的な立場にいたということも大きいと思います。

伊藤　大概の場合は、お店で「何か不要なモノはありませんか？」と聞くと、「いやいやうちにはないよ」と言われますが、もう少し話を聞いてみると「こんなモノだったらあるよ」といろいろ出てきます。その瞬間は、何かわかりあえた気分にすらなります。そうなると、廃材を集めるだけではなく、街の歴史を聞くこともできます。おもしろかったのは、谷中の筆屋さんの店先に版画が掛かっていて、よく聞いてみたら「ミロ先生のだ」と言うわけです。かつて、ジョアン・ミロが五〇本ほど筆を買っていったことがあるそうです。また、その店にはパブロ・ピカソも筆を買いに来たという話を聞いて驚きました。街を歩き、廃材を集めること以上の収穫があったと思います。

大月　藝大のゴミ置き場とアトリエも廃材の宝庫で、沢山のモノを手に入れました。また、とびラーさん自身が持ち寄ったモノもあります。つくばの研究所に勤められている小笠原啓一さんからも、私たちの中で通称「小笠原コレクション」と呼んでいる実験器具などを持ってきていただきました。あらゆるところに「廃材の種」が落ちています。

東京都美術館界隈のさまざまなお店やものづくりの場所を訪ね、廃材や不用品を収集。

240-241 頁の写真提供：とびらプロジェクト

伊藤　そして、とびラーたちでそれらの廃材をきれいに並べ、写真に収め、教育ツールとなる「廃材カード」（1頁）をつくりました。山崎さんのお話にもコミュニケーションのための漫画のカードが出てきましたが、使い方はそれに近いです。実物も「これで何をつくろうか？」と想像力がかきたてられますが、きれいなカードになるとまた違った見え方になり、ワクワクします。廃材の持つ魅力をグッと引き上げ、触ってみたいという気持ちをつくり、触発するようなカードです。

稲庭　廃材と聞いてイメージされるものを裏切るような見せ方がポイントですね。

美術館や地域で廃材を活用すること

稲庭　「廃材カード」と共に、廃材カルテのデータベースをつくりました。これを継続して蓄積していくと、廃材を通して街が見えてくることになります。集めた廃材は都美術館の

「廃材カード」をつくるために、レイアウトして撮影。

提供していただいた廃材を、美術館内のアートスタディルームで仕分ける。

アートスタディルームにありますが、ワークショップをはじめ、それをどう使うかが今後の課題です。データベースによって活動の広がりや深みが出てくるのではないかと思っています。

伊藤　夢としては、街から集められた廃材や、提供していただいた廃材をアートスタディルームにきれいに並べて、それらを素材に、ものづくりやワークショップなど、何か「出来事」が起きる場が、美術館の中に継続的に生まれていくと良いなと思っています。

稲庭　これまで、美術館を拠点にしながら広がるコミュニケーションの可能性についても話し合ってきましたが、「廃材カード」は、将来的には小学校などに貸し出すこともできます。使い方の決まった教材はあまり想像が広がっていきませんが、廃材はシンプルな素材なので、それぞれの先生、教科ごと、クラスごとに使い方を工夫しやすいと思います。美術館と小中学校との連携での課題は、手を動かす造形活動と作品の鑑賞を有機的につなぐことです。廃材は、まずそのモノ自体の観察・鑑賞が重要ですし、そこからイメージが広がっていき、さらに、創作の素材にもなるので、まさにアート・コミュニケーション事業と親和性が高いと思います。今後が楽しみです。

大月　集めてきた廃材の中には、大理石の破片などもあります。都美術館での鑑賞ツアーでは彫刻作品に触ることはできませんが、この破片なら触ってもらうこともできます。また、廃材カードには廃材の目次のような役割もあって、たとえば、街のお店と再びつながるきっかけになったり、ワークショップのグループ分けに使ったり、いくつかを選び出してシナリオを組み立ててみたり、さまざまな使い方ができると思います。人の数だけアイデアが生まれてくると思います。

稲庭　都美術館と東京藝術大学は、この夏より子どもたちのミュージアム・デビューを応援する「Ｍｕｓｅｕｍ Ｓｔａｒｔ あいうえの」というプロジェクトに取り組みます。そのプロジェクトの中で「夏休みの美術館 Ｈｉ！ Ｚａｉ（やぁ！材料）」というクリエイティブリユースのワークショップを開催予定です。大月さんと子どもたちととびラー、そして美術館や大学のスタッフが一緒になって、廃材集めから、造形・鑑賞ワークショップへと展開していきます。なんと連続三日間の特別プログラムです。そして九月以降も「放課後の美術館」という水曜日のクラスで活動が続きますので、今後、上野を拠点にじっくりと長期的な視点で取り組んでいきたいと考えています。

第四章　実践編「IDEA R LAB」

2013年夏、岡山県倉敷市の玉島に、日本初のクリエイティブリユースの拠点「IDEA R LAB」が創設されました。江戸時代の蔵を残しながら、既存の木造家屋を改修し、ものづくりやワークショップを行う「ラボ」や、「クリエイター・イン・レジデンス」などがつくられました。

その誕生のプロセスや、今後の活動を紹介します。日本の地方都市におけるあり方を示す一事例でもあります。

IDEA R LAB

土地の歴史

瀬戸内海に面した港の中には、かつて江戸から明治期にかけて北前船の寄港地として賑わいを見せた街がいくつもある。二〇一三年夏にオープンしたクリエイティブリユースの実験室／情報プラットフォーム／レジデンス「IDEA R LAB」は、そんな寄港地のひとつ、玉島港のほど近くに建つ。ここは筆者の祖先が三〇〇年近く住み続けた土地であり、既存の木造家屋と、ふたつの蔵を改修してつくった。

かつて玉島は、島だった。近隣には、乙島、七島、八島、柏島、連島など、島の付く地名が多くある。江戸の万治三年（一六六〇年）頃から、島と島をつなぎ干拓しながら広げていった土地なのだ。今でも堤防の名残や古い水門などあちこちに残っている。祖先も、その頃、干拓の工事を行った松山藩があった備中高梁からやって来たと聞いている。玉島にやって来た一代目の平次郎が亡くなったのが寛延元年（一七四八年）。だいたい時期的には符合するようである。寛文一〇年（一六七〇年）頃には、玉島の経済の中心となる新町堤防が

改修前。
東西に江戸時代の蔵があり、三間続きの和室と昭和の増築部分が間をつないでいる。

完成し、ここに高梁川流域の港問屋が移住し、立派な蔵と店がずらりと並ぶ新町通りが形成される。

歴史を遡れば、中国との交易船も行き来する瀬戸内海において、大きな川の河口にある港はおのずと経済活動の要となる。川舟の行き来する高瀬通しと、良い港の両方を持つ玉島がもっとも繁栄したのは、元禄時代だったという。物資が動けば、資金も動く。大阪の豪商リストに玉島の商人も名を連ねていたそうで、当時の勢いは推して知るべしである。白足袋族と呼ばれた旦那衆は、町家の奥につくった茶室で商談をし、旧家には文人墨客が長逗留して、街に有形無形の文化を残していった。今でも、驚くほど多くの茶室が残っており、茶道が盛んなのはこのためである。倉敷よりも歴史は古いが、観光化の波には全く乗らず、今でもひっそりと昔そのものがあちこちに息づいている。

江戸、明治、大正、昭和、平成、それぞれの建築物を同時に見ることができるのもおもしろい。街を歩けば、放置され、朽ち果てていく「限界建築」とでも呼べそうな建物も多く、時の流れや文化、人の営みに思いを馳せることになる。昭和一一年（一九三七年）に出版された『玉島要覧』によれば、昭和初期でもこの小さな街に、検番ひとつ、旅館料亭が二五軒、芸妓が五二名、カフェーや喫茶店が一五軒、ホールと映画館が計四館あったというから、その賑わいは想像に難くない。

筆者が子どもの頃には、自宅の敷地の中に遠来の親戚の人々が宿泊するための離れや、いくつもの土蔵が、道を挟んで建っていた。その前面道路は、干拓の堤防の名残ではないかと思う。筋の旧地名は「新樋上町」といい、道の先には、潮の干満に合わせて川の水を放流する新樋水門があった。家の裏は古くからの水路で石垣が組まれている。水路の向こう側は低い土地だ。前面道路の反対側には自宅の庭が広がる。庭には段差があり、これは庭の一部が海辺であったことを示しており、今でも石垣やその下へ降りるための石でできた斜路が残っている。道の脇には常夜燈が建っているが、刻まれた文字から文政八年（一八二五年）に建てられたものとわかる。ちょうど家の四代目平兵衛が亡くなる二年前のことだ。「IDEA R LAB」の東蔵に残っていた大正三年（一九一四年）作成の切図を見ると、まだ、縦横に水路が走っていて、一〇〇年前であっても、今とはずいぶん地形が違っていることがわかる。玉島の土地の形成史が見えてくるようだ。

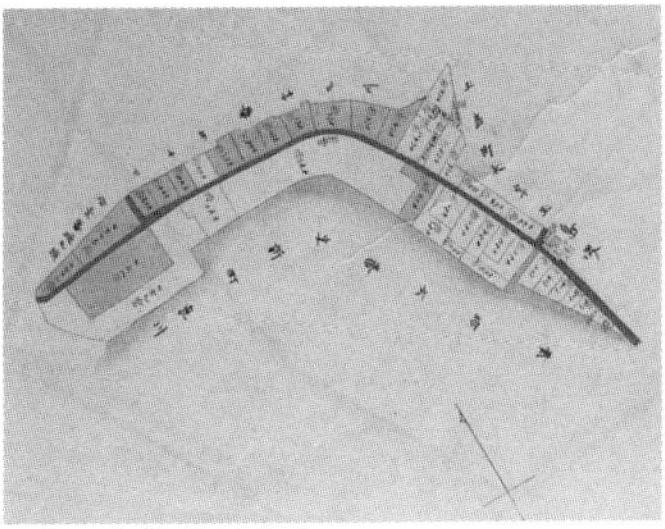
大正三年作成の切図。

旧母屋を解体した後の東蔵の壁面。

測れるもの、測れないもの

筆者は常々、街とは森のようなものだと考えてきた。森の生態系は、そこに生える木々や草がゆるやかに代替わりしていく。その土地に合わないものは衰退し、全体にほど良い調和が保たれているのが理想的な森である。同じように、伝統的な日本の家屋は、その土地に根付いて生きながらえてきたと思う。樹木のように、その土地の水や風、光を吸収しながら徐々に成長してきた。地元の素材や技術を活かした建物は風土に合っている。また、建築や修繕においても、ローカルな生産と消費のシステムがうまく回っていた。確かに建築技術の発達や、その時々にもてはやされる意匠もあるが、建物の集合体である街は、それらに翻弄されることなく、森のように全体が調和して、美しい光景を生み出していた。

手の施しようのないほど老朽化した家屋が、古い街並みから取り除かれる光景は、まるで樹木が根っこから引き抜かれているようで心が痛む。古くから立ち続けてきた建物を、維持できなくなり、どうしたものかと悩む人は日本全国におびただしい数いるはずだ。しかしながら、傷んだ古民家の改修には資金が必要で、少子高齢化の日本においては、個人の肩にずしりと負担がかかる。悩み抜いたあげくに、やむなく放置して、最終的には思いを振り切るように更地にしてしまうというのが最近のパターンなのではないだろうか。しかし、そんな古民家に使われている太い木の柱、竹を組み土を塗り込めた壁、重い本瓦、漆喰のなまこ壁などは、どれも二〇〇〜三〇〇年役立ってきた優れた建材なのだ。こんなデータがある。コンクリートの強度は一平方センチあたり一五〇キログラム。逆に、一見脆そうに見える花崗岩の場合は一六〇〇キログラムもある。風化の速度は表面一ミリが崩れるのに一五〇年だそうだ。崩れそうに見える石垣も、護岸工事をした川岸のコンクリートよりも、ひょっとすると長持ちかもしれない。なので、玉島に沢山残る石垣にしても、その石組みの技術を持つ人が消えつつある中で、これらにコンクリートの裏打ちをせねばならない現在の工法は、なんだか腑に落ちないものがある。

今回の改修工事の際にも、地盤調査を勧められ、結構な金額をかけてボーリング調査を行った。しかし、三〇〇年住み続けた土地を一般的な基準に照らし合わせて安全度合を測る必要性について、頭では理解したものの、土地が育んできたものがしみ込んでいるわが身には、ストンと納得できなかったのが正直なところだ。結局、この段階で、石垣や地盤について筆者と同じような考え方を持つ工務店に担当を変更した。その土地ならではの解釈、慣習、長い時間経過の中で培った経験値の方に、重きを置いたわけである。

実は、「IDEA R LAB」の中心となる作業場の平土間は、四七年前に改修工事したスペースを、再び改修した空間だ。前回の改修時（一九六〇〜七〇年代）は、新建材が出始めた頃だ。当時のご多分に漏れず、プリント合板や有孔ボード、人工土壁、ラワン材、ブリキの屋根などを使い、かつての玄関空間の平土間や水回りのスペースが生活に合わせて改築された。この時に、格子戸のあった三和土の平土間が木床のオフィスになった。また同時に、平土間の際にあったお客様が腰掛けていた蹴上がりが消え、通り土間のおくどさん（竈《かまど》）がシステムキッチンに、五右衛門風呂がポリ浴槽に、落としのトイレが水洗に、掘りごたつのあった和室はガレージに、木枠の窓はアルミサッシに、と様変わりした。一方、生活動線から外れた三間続きの和室と西蔵、東蔵は、手を付けられず今に至っている。江戸から建ち続けた部分は、古くてもまだ使えたが、新建材でつくられた、たかだか半世紀前の部分は痛みが激しく、今回、取り除いて改修したわけだ。

家の記憶をなぞり自分化する

筆者は八年ほど前から家の収納場所からモノを取り出

東蔵にあった器が横浜の都筑民家園に到着。ボランティアの方々が整理を進める。

改修前の東蔵。大量のモノが蓄積されていた。

し、仕分けを始めたが、いつ終わるともしれない膨大な分量に圧倒され、しばしばやる気を失った。その後、台風で傷んだ瓦の葺き替え工事の折、屋根裏から落ちた大量の土が、シートで養生されていなかった蔵のありとあらゆる場所やモノに降り注ぎ、それも作業をひどく困難にさせた。さらに、着工までにはすべてを運び出さねばならなかったが、何しろ八代にわたって蓄積されたわけのわからぬモノが、次々に出てくるのだ。平成二四年（二〇一二年）八月には、延べ四五人の友人や知人たちに手伝ってもらって、何とか作業を終えたが、周期的に「この膨大なモノを分類整理していく作業は自分の手に余る、無理だ」と落ち込んだものである。また、数日という短期間のうちに、自分の許容量を超えた判断が的確でなくなることもままあった。「廃棄／保存／再利用／売却／寄贈」という、しごく単純な五つのコースへの振り分けが、これほどどきついものとは想像していなかった。

無数の器や焼き物。これでも総量の 1/20 ほど。

庭に出された整理前のモノたち。

食事用のお椀やお膳、陶器類はワンセットが二〇個、それぞれ木箱に入っていたりする。現代生活では考えられない数量が、昔の基準だったのだ。「IDEA R LAB」で大人数での食事の時に使う分を確保し、さらに余るものは、横浜は都筑民家園の茶室「鶴雲庵」「輪亭」へ寄贈し、お茶席で利用してもらうことになった。また、町内のアーティスト・イン・レジデンス「一鱗」のキッチンの備品に寄贈したものもある。九州国立博物館の教育ゾーン「あじっぱ」を企画制作した折にも、日本文化の理解のために、展示物の半数近くを、この蔵の中から寄贈した。現在も国立歴史民俗博物館の教育ゾーン「たいけんれきはく」の企画に携わっており、そこでも蔵から出たモノを活かせないか検討中である。子どもたちが心置きなく触りながら学ぶことのできる道具や小物類は、地方に立ちすくんでいるこんな蔵の中に、沢山眠っている。供給の回路さえ生まれれば、わざわざ税金で展示品を買わなくても済むし、持ち主にとっても、モノにとっても、利用者にとっても、館にとっても、お互いハッピーな状況が生まれるだろうと思う。

しかし、昔の人というのは何でも取っておく。まずは和紙の類。和本から、和歌などの巻物、証文、大福帳のようなものまで、紙の束が大量に残されていた。また父の仕事関係の判例集が三段重ねの大きな本棚六本分ほど。和紙といえば、古紙で紙縒りをつくって、書類を綴じていた両親を憶えてはいるが、何代かかっても使いきれない分量の紙が、目の前に積み上げられていたのだ。改修工事途中に、座敷の床の間の裏壁がむき出しになったことがあったが、その土壁に、使用済みの、文字が入った和紙が補強のために貼り込まれていた（その様子はまるでアート作品のようで心奪われた）。さらに、藍染めの木綿、蚊帳などの麻の生地、紅絹や着物の端切れ、着物も大量にあった。祖母の手による縞見本帳なるものも出てきた。どうやら布フェチは三代続く遺伝だったようで、使い古した和綴じの帳面には、ありとあらゆる縞模様の布が貼り込んである。貼る前の端切れも大切に挟み込んであった。こういったモノを通して、見知らぬ祖母の若かりし頃の情熱に触れたのは良かった。家の記憶をなぞりながら、家を「自分化」していく作業であった。また、長持ちの中から一度も使われてなさそうな真綿の蒲団が見つかった。母方の祖母が織り上げた、モダンなチェックの布にくるまれたそれを見た時も、不思議な気持ちになった。蔵の中はいわばタイムカプセルである。仕舞いこまれたモノだけではなく、それを包んでいる紙や新聞、布にも過去への扉が用意

されている。今回、筆者が原稿を書くにあたっての裏付け資料も、そういった保存されたモノの中にあり、大いに役立った。

改築途中の床下を覗くと、石の碾き臼が柱を支える土台石として使われているのが見えた。また、手づくりのかすがいや釘で、かなりざっくりと柱と柱がつなげられていたりする。設計図通り几帳面に組み上げる今の建築と違って、なんと大らかなことかと驚いた。まるで絵を描くように、オブジェをつくるように、家を建てている感じだ。大学に入るまで一八年間を過ごし、その後もしばしば帰って来ていた実家なのに、このしんどい作業を通して、初めて家の全貌を理解した。

生活の中に息づくクリエイティブリユース

筆者のクリエイティブリユースへの興味を育てたのは、他でもない、この玉島という街である。繊維産業が盛んで、全国の学生服やジーンズのかなりのシェアを誇る児島や井原といった縫製の街が近いこともあり、玉島にもミシンを踏む仕事の人が沢山いた。商店街の外れには、そういった縫製業の現場から出た端切れを、うず高く積んで破格値で売る店があった。一般の生地屋さんには並ばない、硬いジーンズの布や、ぬいぐるみをつくった残りのボアなど、珍しいモノが多かった。裁断された後なので、奇妙なカーブが残っていたり、何に使うのかと思うほど小さな布もあったが、それがまたイマジネーションを刺激した。母に連れられてその店に行くと、子どもながらに、何かをつくりたくなった。時に、食事も忘れるほど、ぬいぐるみ型のクッションやジーンズのバッグなどの制作にはまった。また、蔵から出てきた古い空き瓶や空き箱、何に使っていたのかわからない道具類を、きれいに洗って、組み合わせて部屋の飾りにしてみたりするのも楽しみだった。

もっと小さな頃には、木箱に自分用の端切れや、物語遊びに使う小さな人形や動物の置物を入れて大切にしていた。特別な織の小さな端切れなどは、ファンタジーの火付け役となる。大人から見ると不揃いで、何もつくれないような小さな布切れが子どもたちにとっては、なくてはならない役割を演じてくれる大切な友人となるのだ。

一九六〇年代の家庭はどこもそうだったと思うが、洋裁や編みものをする母親が集めたさまざまな布や毛糸が家の中にたまっていた。だから、子どもが何かをつくりたくなると、特に何かを買いに走らなくても、すぐに始められる環境にあった。自宅の斜め向かいには木工屋さんの工房があり、いつもいい匂いの鉋屑が手に入った。農家をしているお家に行けば麦わらが手に入る。さまざまななりわいも今のようにドアの向こうに隠れていなくて、道からよく見えた。仕事場のはじっこが子どもの遊び場になっていたところさえあったと思う。そんな中で、子どもたちは知らず知らずのうちにモノができ上がっていく様子を理解したし、街の人々とのコミュニケーションも濃密だった。大量の同じ柄の布地で、町内の人々がそれぞれ違うデザインの服を縫って着て撮った記念写真が今でも残っている。なぜそんなことをしたのか経緯は知らないけれど、その写真は今見てもちょっとしたワークショップのようで楽しい気持ちになる。

冬場になると、母は生垣につくミノムシを採ってきた。ミノムシにとってははなはだ気の毒な話だが、蓑を切り開いて、ミノムシを追い出し、蓑に付いた葉っぱを取り除き、紙で裏打ちをしてアイロンを当てると、皺《しぼ》のある動物の革のような一枚が現われる。根気よくこれを繰り返し、縫い合わせてでき上がったのが、ミノムシのパッチワークバッグだ。自然物の（ちょっと無理矢理な）廃物利用である。しかしながら、これはとても丈夫で、いまだにしっかりとその形を保ち、しなやかである。普通は捨ててしまう桃の種も、ある種の情熱の下に磨かれてアクセサリーとなった。セーターは何度も編み直され、糸が細ると、二本取りや三本取りでさらに編み込まれていった。薄い色の毛糸が日焼けしたり汚れたら、濃い色に染め直された。そんな生活レベルのリユースが当たり前の時代であり、人々は手を動かしてモノをつくっていた。

四七年前の改築に際しては、母親が設計のコンセプトを立て、やはり廃材のリユースが試みられている。玄関の吊り棚は、つやつやに光る砧と古くて太い鎖とが組み合わされたものが使われた。やぐら炬燵の格子は掛け花用のベースになって、廊下の奥に飾られた。この改修工事の際、古い引き戸や板ガラス、敷石、瓦などが、蔵や庭や床下にストックされていたので、今回の改修工事で使ったモノもある。

改修前の玄関。

改修工事における古い部材や什器の活用

筆者は着工一年前から、東蔵の沢山の箪笥や長持ちをはじめとした、家の中のありとあらゆる什器類約一五〇点を計測し、設計前の資料を作成した。そして、間取りを決め、そこに古い什器類を、パズルのようにはめ込む作業に没頭した。大量にある箪笥は、小ぶりで使いやすい上置きをミニキッチンの棚などに転用。表と裏で段違いになっていた押入は取り去って、和室側に仏壇と戸棚を、キッチン側に食器棚を設置した。石臼や碾き臼をエントランスの磨き出しにはめ込む、古いタイルの流しを軒下の洗い場で活用するなど、すべてのリストを建築家へ渡し、設計に入れ込んでもらった。

改修工事は躯体や大まかなフレームの部分にとどめ、古い家具や建具を再利用する制作は、「IDEA R LAB」引き渡し後に状況を見ながら自分たちでやることにした。細かな作業を通して、今後、同じような古民家のリノベーションをする人たちのために、ポートランドの「リビルディング・センター」（71頁）のような組織があれば、どんなに助かるだろうと思った。必要な時に日本の伝統建材をその地域で廉価に再利用することは、環境にも優しく、文化のクオリティを保つことなど、関わる人々にとって大いにメリットがあるはずだ。民家をただ保存するだけではなく、時代に合わせて少しずつ手を入れながら上手に暮らしていくことは、森に手を入れながら、その恵みにあずかる生活にも似ている。

コミュニケーションを育む空間づくり

玉島にて、クリエイティブリユースのプロジェクトを行ってみようと思い始めたのは、やはり、海外のさまざまな事例を目にしてからである。改修工事に向けての決心が次第に固まっていったのも、身の丈のプロジェクトからスタートし、無理をせず、自分の手を動かしたり工夫することを堪能する人々の笑顔に心動かされたからに他ならない。

そのための第一歩として、改修工事で「ラボ」を設け、かつての玉島がそうであったように、そこで行われているコトが手に取るように見えるのが大切だと考えた。そのため、通りに面する「ラボ」の床から天井までを、全面ガラスにすることにした。なりわいが見え、道行く人と挨拶が交わせることは、内側から街を開くのに必要だと思った。

さらに、心理的なボーダーを取り払うために、あえて敷居を設けず、道路とフラットにすること、靴を履いたままラボの奥や共有スペース、水回りに至るまで移動できる土間形式にすることにした。これは四七年前の建物への回帰でもある。外壁にはこの土地特有の伝統的建材、焼き杉や漆喰を使っている。

夏は南北に風を通せばエアコンを使わなくてもしのげるので、南北面には網戸付きの窓

「IDEA R LAB」前面道路からエントランスとラボを見る。

ラボから前面道路を見る。

「IDEA R LAB」のキッチン。ラボから続く土間の空間。

を多数確保して風の道をつくること。冬場は底冷えするため、移動も手軽なガスファンヒーターを利用する。軒を深くして夏場は日を遮り、冬場は日射しを入れ込むように、エントランス近くには、昔あった小上がりをつくることなど、事細かに条件を出していった。

また、ラボやキッチンではつくる／書く／話す／集う／食べるという行為が楽しくなるよう、工事の最終段階で、大きな壁面全体とキッチンの棚の蓋をホワイトボード塗料に変更した。

建築家は遠藤幹子さんで、子どものミュージアムのプロジェクトに互いに招かれ顔を合わせたことがきっかけとなった。筆者が一〇年前に出版した『新・わくわくミュージアム』(角川SSコミュニケーションズ、二〇〇三年)に、編集部経由で寄稿もしてくれていて、彼女の仕事はそれとなく知っていた。お互いに重なる領域で仕事をしていたこともあり、また、デザインの好みも近かったことから、設計を依頼することになった。東京に住む彼女にとっては、遠隔地だったが、設計を打診したところ、快く引き受けてくれた上に、なんと玉島に来たことがあると言うので驚いた。東京藝術大学美術学部建築科・前野まさる研究室は平成二～四年にかけて、倉敷市教育委員会から「玉島町並み保存基本計画」の調査を引き受けている。古民家の実測調査などが行われたことは、住民たちもよく知るところだ。縁とは不思議なもので、当時学生だった遠藤さんはまさにその夏の調査に一度だけ参加したことがあった。母親が親しくしていた歴史家の方からいただいた自費出版の玉島の歴史本の中にも、この実測調査のあれやこれやが記されていて、筆者も繰り返し読んでいた。当時、まさにそこにいた人に、改修工事の設計を頼むことになろうとは……。施工に関しては悩み抜いた上で、環境や技術に関する解釈が近い岡山の北屋建設さんにお願いすることになった。

遠藤さんには、最初のお声掛けをした時に、玉島での滞在を薦め、街の仲間をどんどん紹介した。そして、彼女は子どもの長期の休みを利用し、家族で夏の玉島でひと月を過ごした。街の人々と交流する中で、コミュニケーションの密度が東京とは違うことや、古民家の空気の流れや暑さ・寒さなどを体験してくれた。そういった体験が、設計の上で大切ではないかと常々思ってきた筆者にとっては、そのフットワークの軽さがありがたかった。設計や工事が終わっても、玉島にやってくるようになったことは、街の人ともども、とてもうれしいことだ。

玉島の土地の持つ空気感や暮らしやすさは、長期滞在でこそ味わえる。近所の、同じく古民家を改修した「一鱗」というアーティスト・イン・レジデンスと共に、「IDEA R LAB」のレジデンスも、多くの人に玉島再発見の機会を提供できると幸いだ。

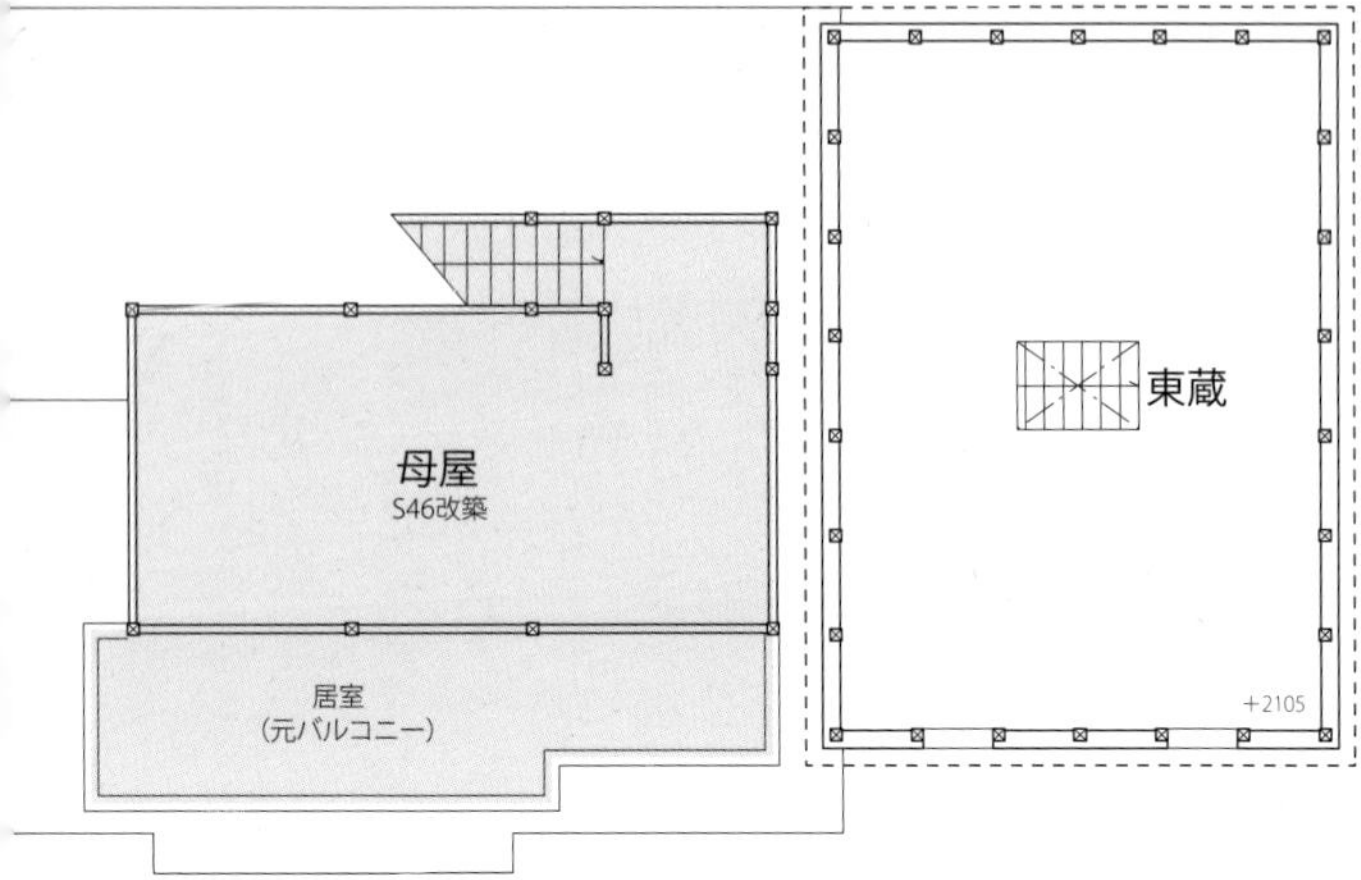

既存 2 階平面

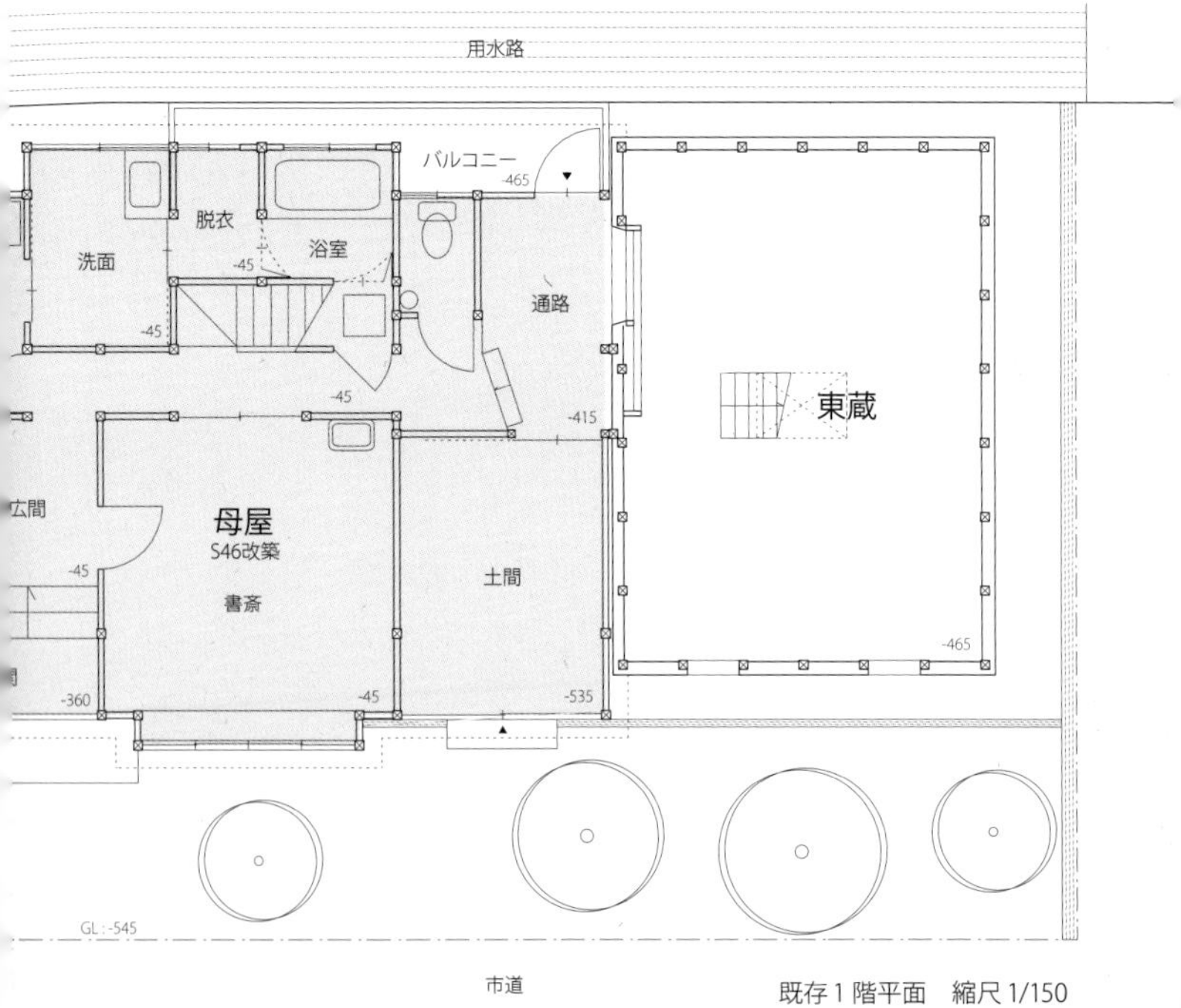

既存 1 階平面　縮尺 1/150

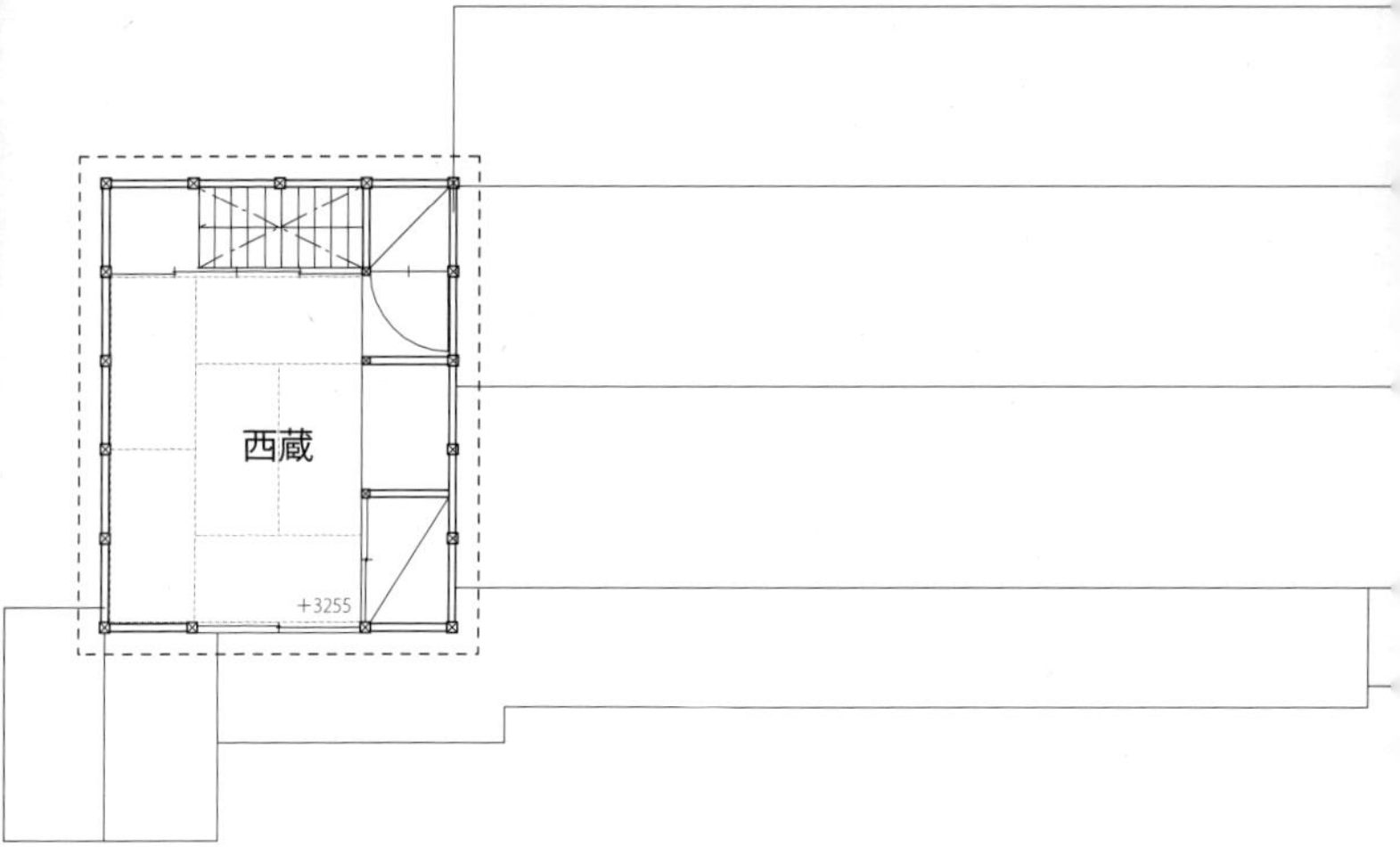
西蔵
+3255

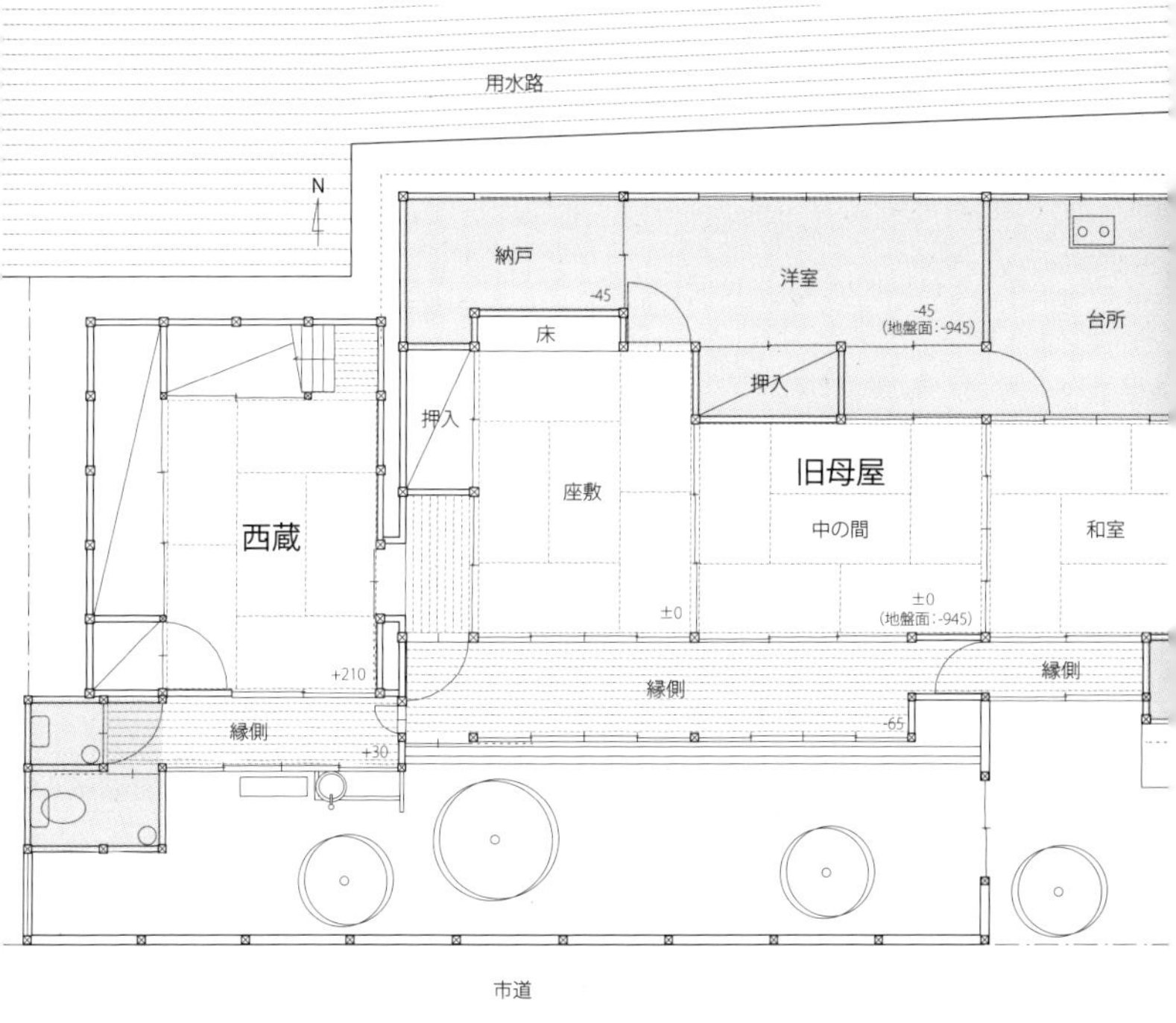
用水路
N
納戸
洋室
-45
-45
(地盤面:-945)
台所
床
押入
押入
旧母屋
西蔵
座敷
中の間
和室
±0
±0
(地盤面:-945)
+210
縁側
縁側
縁側
-65
+30
市道

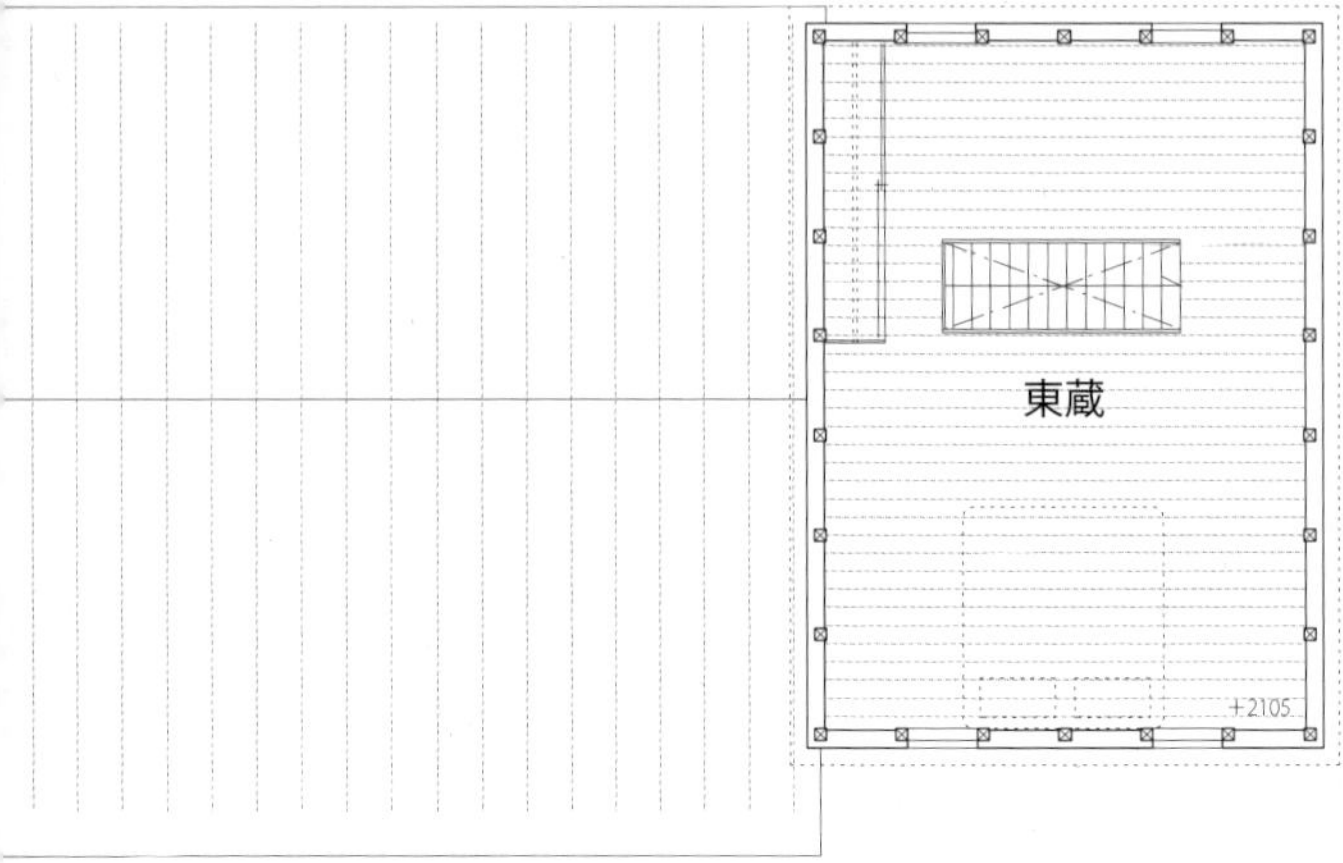

「IDEA R LAB」2 階平面

敷地面積　329.90 平米　　建築面積　203.20 平米
1 階床面積　203.20 平米
2 階床面積　72.72 平米（改修前）　50.71 平米（改修後）
改築部分面積　93.95 平米

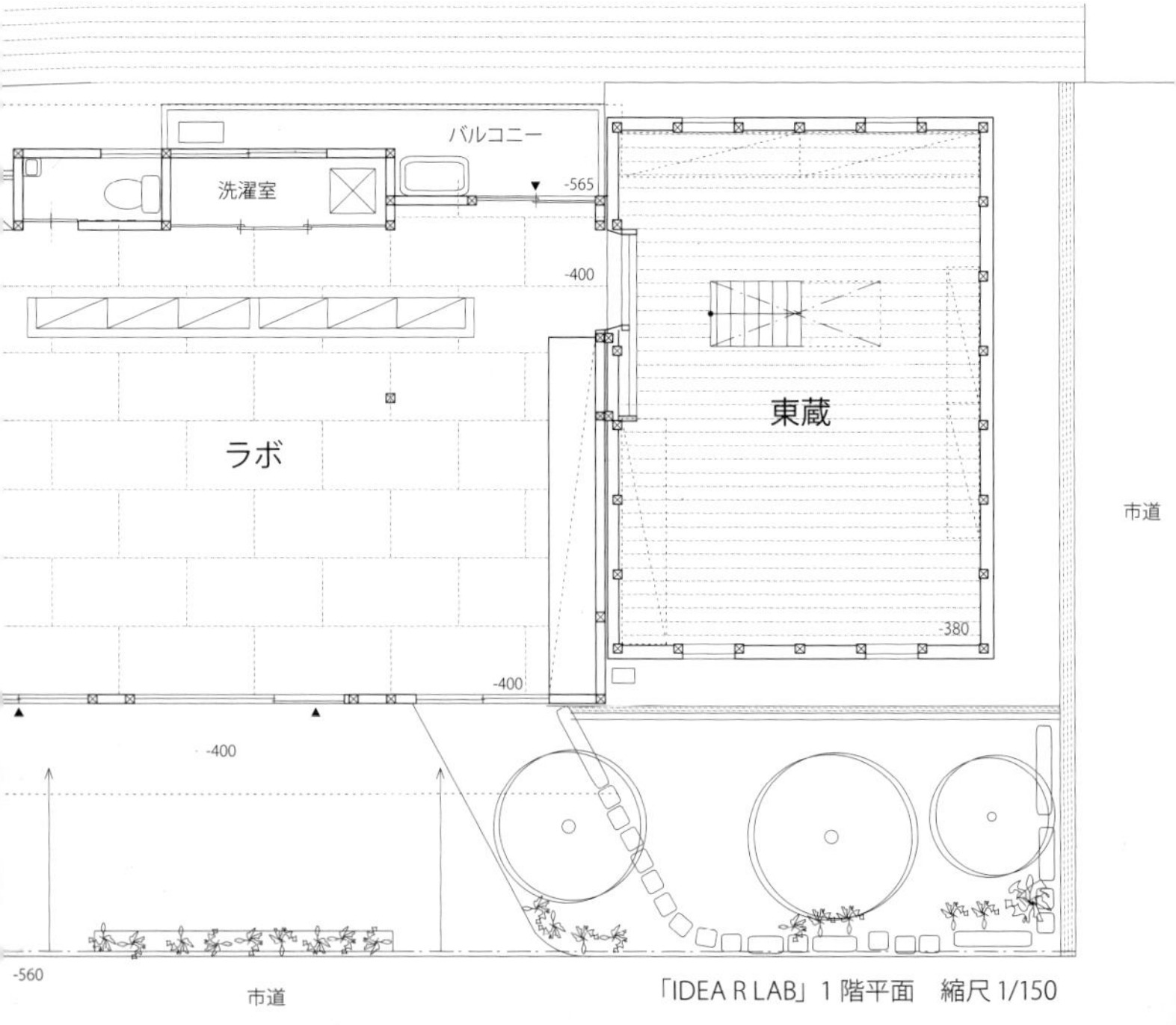

「IDEA R LAB」1 階平面　縮尺 1/150

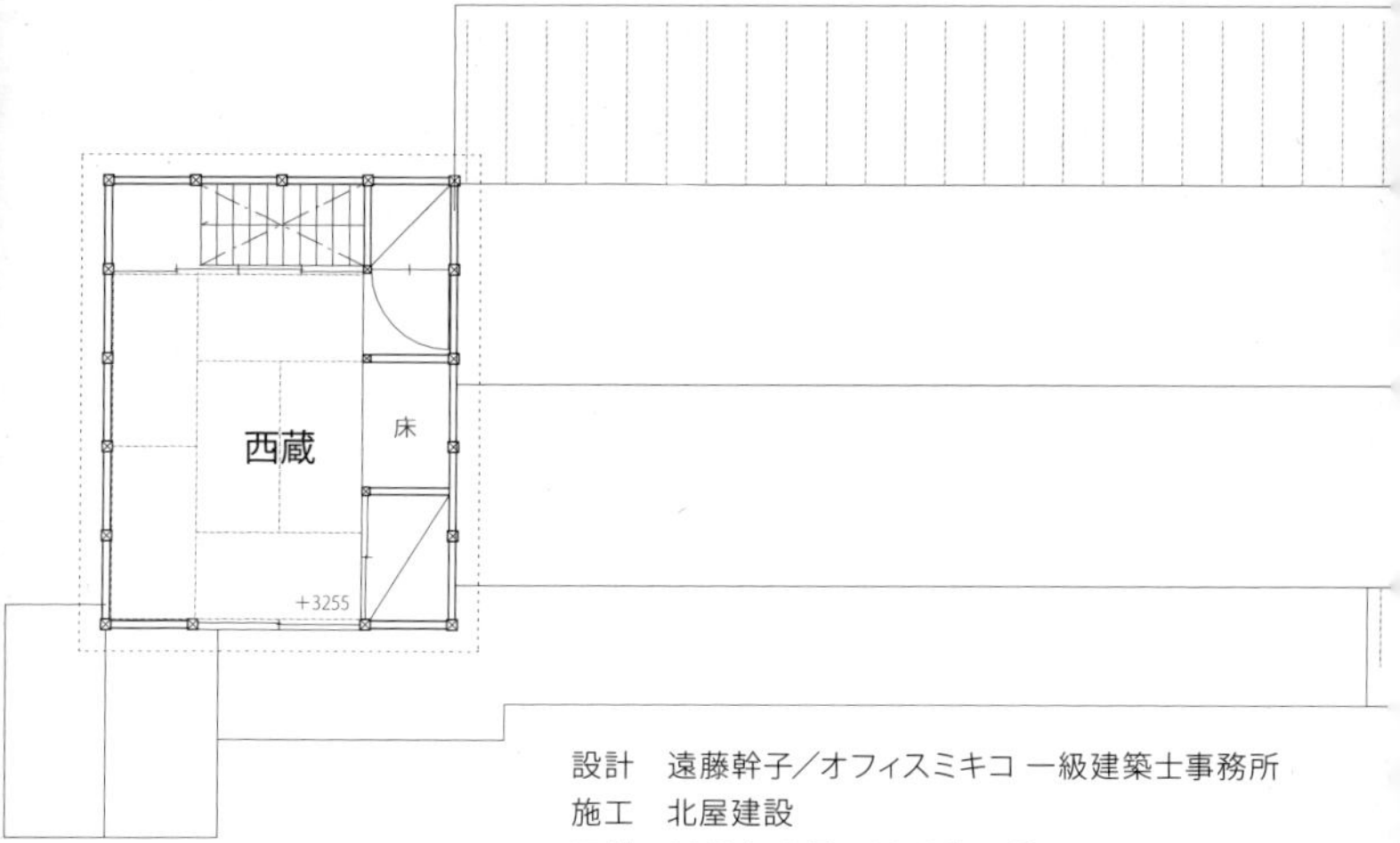

設計　遠藤幹子／オフィスミキコ 一級建築士事務所
施工　北屋建設
工期　2012 年 9 月～2013 年 2 月

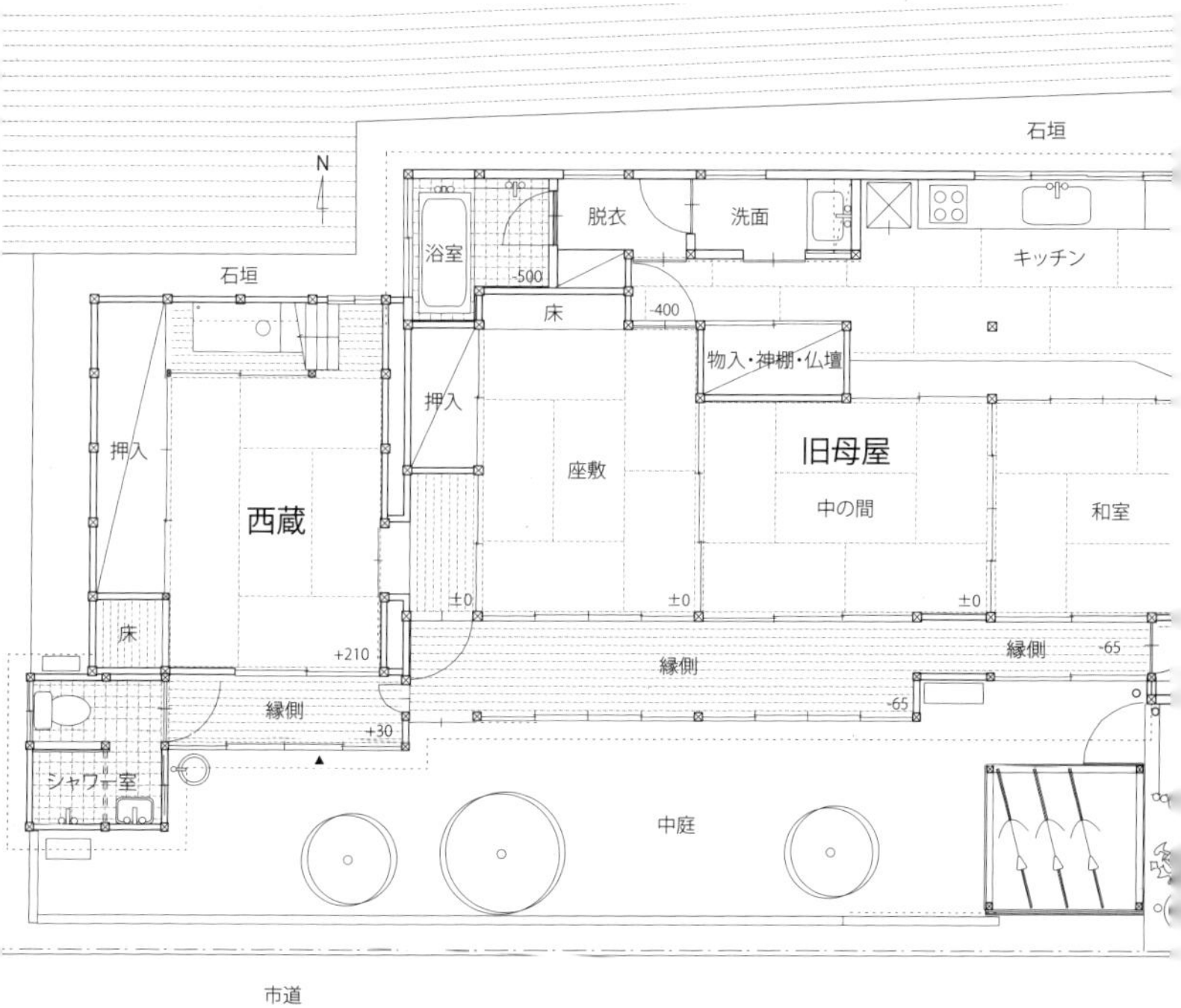

「IDEAR LAB」とは何か？

「IDEAR LAB」は、三つの活動要素を持っている。まずひとつ目は、廃材のクリエイティブな活用に関する実験やプロジェクトのコンサルティング。ふたつ目は、クリエイティブリユースに関する国内外の情報提供や人的ネットワークのプラットフォームとして機能すること。三つ目は、廃材を表現活動の中で活かしているクリエイター等を対象としたクリエイター・イン・レジデンスの運営と、ワークショップ共同企画・展示だ。

これまでの活動

遡れば、コミュニティにおける文化資源のリユースという目線から企画実施したものに『一九六〇〜七〇年代の玉島のデザインと暮らし』（主催：一鱗、二〇一一年二月）がある。玉島のハシモトヤ洋品店が閉店するにあたり、扱われていた洋服群と、当時の生活道具のデザインに焦点を当てた展示であるが、そういった玉島地域の古くから営業してきた店舗の商品や、伝統的な生産技術を再考し、今の暮らしに活かせるような提案を込めた展示企画を今後も続けていきたいと考えている。

「IDEAR LAB」は、オープン前より、プロジェクトが順次スタートしている。まず、クリエイティブリユースを採用したプロジェクトの立ち上げのサポートと、コンサルティングだ。東京都美術館・東京藝術大学が共同している「とびらプロジェクト」(157頁)では、二〇一三年二月より廃材プロジェクトのスタートサポートや、「廃材カード」(1・241頁)の企画制作・活用提案・データベースづくりなどを手掛けてきた。これは現在も継続展開している。また、このノウハウが普及するよう「クリエイティブ・コモンズ」のライセンスを提案・採用するなど、クリエイティブリユースの豊かなコミュニティが育っていくよう、活動を続けている。

クリエイティブリユースのワークショップの企画と実施としては、東京・谷中の文化施設HAGISOでの『こどもびより はぎびより』(主催:tonton、二〇一三年五月)において、ワークショップ「あなあきクツシタ まほうのて」を実施した。また、『軽井沢 遊びと学びのフォーラム』(二〇一三年六月)でも、レクチャーとクリエイティブリユースのワークショップを行った。二〇一三年八月には東京都美術館の夏休みの美術館特別プログラムで「Hi! Zai」と題したワークショップを行う(243頁)。

二〇一三年九月にはナカダイと連携し、「廃材サミット」が開かれる赤坂のプラスショールームにて、ワークショップを予定している。これはワークショップごとに企画やファシリテーションを行う人間が替わる「IDEA R LAB WORKSHOP UNIT 001」としてスタートする。そのノウハウは、データベース化し、クリエイティブ・コモンズ・ライセンスを用いて公開していく予定だ。

また、クリエイティブリユースについて書籍にしていくことにも着手している。本書の他、二〇一三年一一月に「家なかクリエイティブリユース」を裏テーマとした、子どものための手芸の本を福音館書店より出版する。

二〇一三年六月には、NPO法人ドリフターズインターナショナル、ナカダイ、イデアの三者共同事業として、横浜市に対し、クリエイティブリユースを活動の柱にしたアートセンターの提案を行った。コンペは僅差で破れ、既存の団体が活動を継続することになったが、当の三者では、この計画の実施場所を今後も継続的に探っていこうとしている。

マテリアル&ツールライブラリー／ファブラボ玉島

二〇一二年の暮れ、「IDEA R LAB」のすぐ近くにある古い民家が空くことになった。借地に、何代にも渡って活用されていた家屋が建っていて、建物の持ち主から、もう使わないので、家屋を倒して返却しましょうか？　という打診があったのだ。バス通りに面した角地で、昔は熱帯魚屋さんとして地域の子どもたちが出入りしていた場所だ。本来なら、更地にして返却してもらうのだろうが、ここから建物がなくなるのは風景としても寂しい。ひと月ほど悩んだ末、ここを「IDEA R LAB」の「マテリアルライブラリー

&ツールライブラリー」として整備することに決めた。ここを使えば、今回の改修工事で出た廃材や古道具に加え、街の方々からいただく廃材や道具、さらにはナカダイのマテリアルなども合わせて、どのように整理分類すればいいかという実験も存分に行える。既に古いタンスや長持ち、木箱などを運び込み、日本の什器で構成するマテリアルライブラリーの構築を試行錯誤中である。ここでは、子どもたちやクリエイターだけでなく、海外のデザイナーやアーティストが日本の廃材をどんなふうに扱うか、そんな実験も行いたいと思っている。さらにファブ機能も持たせる予定で、近い将来小さな「ファブラボ玉島」が出現するはずである。ファブラボは田舎町のコミュニティにとって、とても親和性があるプロジェクトだと思っている。

岡山という土地に住む人々は、なぜか道具持ちが多い。都市部と違って住環境が豊かであることも影響しているのだろうが、様々なプロフェッショナルな道具を個人で持っている確率が相当高いのだ。大工道具、畑仕事の道具、陶芸の電動ろくろ

マテリアルライブラリー&ツールライブラリー。古い木箱や、タンス、長持ち、活版印刷の活字などが運び込まれた。

や絵画の道具などなど。そのジャンルもさまざまだ。今回の「ＩＤＥＡ　Ｒ　ＬＡＢ」改修工事にあたって一番苦慮したのが、そういった累々と集められた道具類の行き場である。もちろん継続して使うモノはあるけれど、すべてではない。かといって廃棄するのも残念だ。常時使う道具でなければ、それを使いたくなった人が、時と場合によって、借りて使用するというのは、道具にとっても幸せなこと。経済的にも効率がいい。そんな考えから、廃材と道具を備えた「街の工房」を私設で整備することを決心したわけである。

二〇一三年六月には、仲間が建物の清掃やモノの運び込みを行ってくれた。玉島活版印刷所からは、大量の活字を寄付していただいた。重い活字を運搬する合間に、仲間と活字やマークのひとつひとつの美しさに心動かされたのも良い思い出である。

玉島周辺には歴史と結び付いたさまざまな産業がある。また、工芸や美術のクリエイターも多い。美術や工業系の学校もある。工場や会社、アトリエ、教室などから出てくる廃材のリサーチと収集を継続的に続けていき、ここを、保育園、児童館、幼稚園、小学校、中学校、高校、大学とを、ゆるやかにつなぐハブとして機能するよう整備していきたい。目と鼻の先にある「遊美工房」は一〇年前から、玉島のアートを牽引してきた先駆的な存在だ。その工房部門である玉鱗で月一回行われている「つくりっこ」(45頁)というワークショップでも廃材を活用したプログラムを展開しているので、「マテリアルライブラリー＆ツールライブラリー」を共同運営するかたちも探っていきたいと思っている。

レジデンス／サイエンス&デザインカフェ／船遊び

「IDEA R LAB」周辺に点在する管理アパートや借家は古い建物が多いが、これらをアトリエ付き住居に整備したり、空いている畑を子ども茶室やおくどさん付きのキッズ・コミュニティファームに整備したりできるのではないかと考えている。入居者の高齢化にともない、これからも空き物件が増えることは必至だが、今までにない利用方法を開発していくことによって、歩ける範囲で、おもしろい場所が増えていくことを夢見ている。

玉島は、モノを考えたり何かをつくったりするには最適な、静かな街だ。潤沢にある住空間を活かした暮らしを探している人には、玉島での暮らしの実験をお勧めしたい。

二〇一三年秋からは、クリエイティブリユースに関連する「サイエンス&デザインカフェ」がゆるくスタートする。地場の魚や植物から発展する刺激的なワークショップとお話、軽く食事も楽しみながら良い時間が過ごせるようにと、準備を進めている。

また、船を使った瀬戸内海の島めぐりやワークショップの可能性も仲間と検討中だ。新幹線の駅から車で七分のところに港がある。係留費も安い良港で、対岸は四国。その間には大小さまざまな島が点在している。魚も釣れて、アートも楽しめる。何よりも時間を気にせず、たっぷり一日気の向くままに海上を移動できるのは嬉しい。「瀬戸内国際芸術祭の混雑を避けて船遊びを！」という提案には、多くの人が目を輝かせて加わりたいと言う。どうやら玉島のポテンシャルという種は、草むらの中に芽を出さずに眠っていたようだ。

玉島には江戸や明治期の建物をそのまま使いながら、今も先祖代々のご商売を続けているお宅も多い。造り酒屋さんやみそ醤油屋さん、お酢屋さんなどのそういった空間で買い物する楽しさは格別だ。みなと湯という銭湯（廃業）や、陶器屋さん、巨大な土蔵、信用金庫だった建物、バー（廃業）、料亭（廃業）、洋食屋さん（廃業）などの空間には心打たれる人も多いだろう。現在、玉島では、そんな古い建築物をなんとか自分たちの手で活用できるようにしようと、改修工事を積極的に行っている三〇代・四〇代の人々もいて、頼もしい限りだ。

　また、玉島には隠れたお茶室が多数存在していることもひとつの特徴だ。元禄時代の賑わいと隆盛がもたらしたお茶文化を体現する空間が、相当数残っていると言われている。お茶室調査に加わらせてもらって、いくつかを拝見する機会に恵まれたが、まだまだ他にも出てきそうだ。玉島人は「私はこれをやった、これを持っている」と自ら自慢しない。「静かに内部の充実を」という美学があるのだと思う。観光化に食指が働かないのも、そんな人々の気質が作用しているのではないかと勝手に想像している。その良さを維持しつつも、今後は、ほんのちょっぴり家を開いていくことで、その良さが街に流れ込んでいくことを願っている。

「IDEA R LAB」では、「開く」実験を続けながら、これからの地方での新しい暮らし方・仕事の仕方を継続的に考えていきたいと思っている。活動はまだまだ始まったばかり。玉島という土地の力をゆっくりと咀嚼しながら、海外とも軽やかにつながっていくような、新しい時代における地方のあり方を、皆様と探していきたいと思っている。

【参考文献】

・東京芸術大学前野研究室『玉島町並み保存基本計画調査報告書』（倉敷市教育委員会、一九九三年）

・『玉島要覧』（編集・発行：安藤嘉助、一九三七年）

・『玉島今昔モノ語り 上巻・下巻』（編集：陶之翁明義、発行：渡辺義明、一九九三年）

裏倉敷・玉島——裏面の街並みを読む

伏見唯

倉敷から高梁川沿いに南西に行くと、「裏倉敷」と呼ばれている地域がある。「IDEA R LAB」がある玉島のことだ。瀬戸内の気候風土に恵まれ、かつて、物流の拠点となる重要な港として栄えた街である。「裏倉敷」とは、自虐的な表現ともとれるが、むしろ倉敷にも負けないと信じる、玉島に対する強い誇りの現れなのだろう。玉島と倉敷、このふたつの街にはどのような関係があるのだろうか。ここでは、その比較から街並みの性格を考えていきたい。

それぞれの生い立ち

かつて玉島は、その名前の通り瀬戸内海に浮かぶ小さな島々だった。乙島、柏島、七島などと、玉島地区内の多くの地名に「島」が付いているのはそのため。平安時代末に、源平が何百艘もの兵船を率いて争った水島合戦の舞台だったと言われている。島々の間が陸地になるのは江戸時代に入ってからで、乙島などを領有した備中松山藩主・水谷氏が、領地から収穫される穀物の量を増やすため、海を新田として干拓したのが玉島の生い立ちである。五万石ほどだった藩の石高は、干拓後には一一万石以上になったという。

この干拓によって玉島港が築かれ、高梁川から用水路を通る高瀬舟や、日本海側から大阪までを回る北前船の出入りする港として栄えることとなった。大型の帆船である千石船を横付けできる、当時の瀬戸内海の物資流通にとって重要な寄港地だったのである。

一方、倉敷は元々高梁川の河口に面していたが、玉島などの周辺の干拓にともない、河口からは遠ざかった。しかし倉敷は、幕府直轄の天領地であり、年貢米などの集積地としての役割もあったので、児島湾から運河（倉敷川）が通され、内陸の港町となった。倉敷川は大型の船は通れなかったが、荷船の往来は多く、物資の集積にともなって庄屋や豪商たちが川畔に軒を並べた。玉島は備中松山藩の外港として、倉敷は天領の港として栄えたのだった。

このように玉島と倉敷は、共に物資流通の拠点をきっかけとして繁栄し、いずれも人工的に計画されてつくられた都市である。江戸時代が偲ばれる建物としては、玉島には旧柚木家住宅（西爽亭）や旧西国屋土蔵などの町家や蔵が残っている。倉敷にも、旧大原家住宅や旧大橋家住宅米蔵などがある。両都市の建物は、年代やビルディングタイプだけでなく、太い格子と細い格子を組み合わせた倉敷格子や、腰や隅をなまこ壁にするところなど、細部意匠も似ている。このように見ていくと、生い立ちから現存遺構まで、玉島と倉敷は双子のようにそっくりに感じられる。

積層する歴史的建造物

江戸時代における玉島港の繁栄は、水谷家の断絶によって港の管理運営に支障が出たために衰えていくが、明治時代になってから新たな展開が見られた。廃藩置県により倉敷代官所が廃止になったことも関係したのか、玉島は備中南部の政治経済の中心になったという。現存はしていないが、郵便局、税関、裁判所、監獄、電信局などの公的な施設が集中して建てられ、港に支えられた経済力によって備中和紙や備中綿が港に集められるようになった。当時、「備中和紙は岡山や倉敷になくても玉島に行けば揃う」と言われるほどに経済的に隆盛していたらしい。さらに近世以前から綿花の大産地だったこともあり、玉島紡績所などの企業が台頭している。こうした経済活動を支える金融機関も開設され、時代はだいぶ下るが、大正一三年に建てられたスクラッチタイル貼りの旧富士銀行玉島支店は今でも現存し、玉島のひとつの顔だと思う。また、明治〜昭和初期らしい洋風住宅や近代建築、建物前面を装飾した看板建築などが街のあちこちにあり、倉敷美観地区ほど整備さ

旧西国屋土蔵。

玉島の街並み。

「看板建築」の実例。旧みなと湯。

旧富士銀行玉島支店。

漆喰が剥がれている蔵。

れているわけではないが、明治以降の繁栄が伝わってくる美しい街並みだ。後に、この街は昭和のノスタルジックな情景が印象的な映画『ALWAYS 三丁目の夕日』(二〇〇五年)のロケ地になった。

一方の倉敷は、代官所の廃止によって一時的に経済活動が停滞したが、その代官所跡地に倉敷紡績所(現クラボウ)が設立、さらに山陽鉄道(現山陽本線)の開通により、再び活気を帯びた。倉敷紡績所の事業規模は拡大し、二代目社長・大原孫三郎が世界中の美術品を集めた大原美術館を開館させるなど、大原家は産業的にも文化的にも倉敷の近代化の象徴と言える。さらに大原孫三郎をはじめとした倉敷の人々は、当時から倉敷川畔の歴史的な街並み保存を意識していたという。その結果、『アサヒ写真ブック』(一九五四年)にて、「古いものと新しいもの、地方的なものと国際的なものとを兼ね備え、それの日常生活への消化に責任を感じている」と評され、後に「重要伝統的建造物群保存地区」に指定されるほどになった。

江戸時代以来の港町に、明治以降の近代的な建物が建てられ、各時代の歴史的建造物が積層している街並みという点で、玉島と倉敷は共通している。しかし、映画のロケ地と重要伝統的建造物群保存地区、このふたつの違いをしっかりと受け止めておきたい。

通町の商店街。

商店街沿いの建物。
竹小舞が露出している。

産業の変動と街並みの関係

玉島も倉敷も、生い立ちは港町だったが、その伝統は昭和初期頃を境に途絶えている。鉄道や道路網が広がり、陸上交通が主流になった。また、水島工業地帯の発展にともなう水島港の拡大により、玉島港はその一部となり、倉敷川を荷船が渡り、荷揚げを行うこともなくなったという。つまり、両都市を支えていた産業が変化していったのである。明治以降、この地域は綿花の大産地だったため、玉島紡績所や倉敷紡績所といった繊維工業が主要産業だったが、高度経済成長期に重化学工業が一躍台頭し始める。倉敷市内に水島地区という重化学工業に特化した都市がつくられ、主要な産業は玉島地区ではなく、水島が担うことになった。水島地区の造成にともなって、岡山県の工業生産額は大幅に伸長し、水島港は特定重要湾港となっている。

養蚕が「合掌造り」を生み出したように、本来、都市や街並みの形態は、その場所で営まれている産業が反映されるものだが、重化学工業の台頭を前にしては、倉敷や玉島の街並みは現役の主要産業とはほとんど関係がないだろう。重化学工業に見合った街並みの形態もあり得ると思うが、それでは、これまで述べてきたような玉島と倉敷の歴史的な積み重ねによる街並みが崩れてしまう。産業変動は、多様な歴史的建造物を積層させることもあるが、すべてをつくり変えてしまう溶剤となることもある。

一般に、街並み保存運動が始まったのが、高度経済成長期末であったのも、主要産業による生産性や機能性を重視した都市計画が行われることで、長い時間を掛けて培ってきた伝統的な景観が破壊されることを危惧したためらしい。倉敷は、まさにそういった街並み保存の理念によって、「重要伝統的建造物群保存地区」に選定され、美観地区をつくるに至った。この施策は、文化財を保護することだけが目的ではなく、地域の資産を明らかにし、文化的アイデンティティを示すことによる、地域経済の振興も期待されたものだ。実際に、倉敷市では重化学工業依存の経済から抜け出すため、観光が成長産業とみなされている。倉敷市の年間の観光客数が六〇〇万人だった年は、一二一四億円もの経済効果があったという試算がある。結果、倉敷は重化学工業とうまく付き合いながらも、伝統的な街並みを維持し続けている。

現在の倉敷川畔。

それでは玉島はどうか。玉島には倉敷と同じような建物があるため、どうしても、その保存状況や、観光地としての未整備を比べてしまう。漆喰がボロボロになった蔵、竹小舞が露出した壁面、半壊の町家、交通の便の悪さなどなど。しかし、こういった玉島を、倉敷を後追いし、これから整備されていく未成熟な観光都市と捉えるしかないのだろうか。もちろん、岡山県の「町並み保存地区」に指定されていることから、今後の歴史的な街並み整備は楽しみである。そして倉敷のような街づくりができていくのであれば、いろいろな意味で急がれるべきだとも思うが、もう少し違う見方も考えてみたい。

玉島の歴史的建造物群は、良好な保存状態

を維持しているとは言いがたい部分もあるが、実際に見てみると建物が自然と新陳代謝しているところに魅力がある。港町の頃の町家や蔵、政治の中心地だった頃の公共建築や看板建築は、いずれも自然な盛衰が建物の表情に出ていて、汚れていようとも、むしろ生きている建築に見えたのだ。美観地区として歴史的建造物を「保護」している倉敷とは違い、まさに倉敷の裏面、「裏倉敷」だと思えてくる。もちろん文化財が朽ちていくのが惜しいという気持ちはおおいにあるが、その時々の人間の営みに応じて建物が改修されたり、あるいは壊されていくのは、ある意味では都市の自然な姿だとも思う。先の映画にあるノスタルジーは、こういった自然な盛衰から感じられるのかもしれない。

新陳代謝を促す「質」と「資」

自然に新陳代謝する街が魅力的であるとしても、まったくの自然任せでうまくいくとは到底思えない。街並みの保存を徹底させるのであれば、昔の状態を維持する方が目標はイメージしやすい。しかし、「自然な新陳代謝」という美学を掲げると、ひとつひとつの建築の目標、つまり「質」が不確かな存在になってしまう。そのため建物が自由に生まれ変わることを前提としても、やはり目指すべきイメージとしての「質」は示されるべきだと思う。

たとえば、倉敷や玉島をはじめとした

右：玉島の「遊美工房」（写真提供：楢村徹）。
左：岡山の「谷万成の家」（写真提供：神家昭雄）。

岡山県で設計活動をしている「古民家再生工房」という建築家のグループがいる。名前の通り、古民家の再生や、そのノウハウを活かした新築を行っているが、単に古いものを残せばいいという発想ではなく、建物の質に対し､強い信念を持った建築家たちである。「古いものを利用すればいいのではない。現代の人々を引き付ける魅力ある空間をつくってこそ意味があり、それがなくては古民家の積極的な利用法にはならない。生まれ変わった民家が、新鮮な現代的価値を持ってこそ生きてくるのだ」と述べる。

玉島の「遊美工房」(設計：楢村徹、45頁参照)や岡山の「谷万成の家」(設計:神家昭雄)など、再生された古民家のいくつかを見学する機会があったが、伝統建築の持つ細部意匠や空間性を活かしながらも、再解釈をし、さらに現代的な機能性や利便性を加えたものだった。「遊美工房」は、元の二階屋の構造をうまく活かし、開放的な吹抜け空間をつくるなど、伝統的な雰囲気を保ちながらも音楽ホールの機能を果たしていると感じた。また、「谷万成の家」の座敷と縁側の境にあったであろう隅柱の象徴的な美しさは、古民家再生ならではの意匠だと感じた。建築版クリエイティブリユースの見本のような建築である。

先に述べたように、自然な新陳代謝に魅力を感じたとしても、放っておいたら、古い建物はなくなっていくばかりだろう。経済は概して地方に厳しいものだ。目指すべき質のイメージだけではない新陳代謝を促す、何か別の工夫も必要で､それはやはり「新たな産業」だと思う。建築をつくり変える元手、つまり「資」である。通常、建築の生産は資本がないと始まらないが、その資本の性格が、建築のあり方を多分に決めている。物資流通、繊維工業といった都市を支えてきた産業は、建築の用途であると共に、建築をつくる資本の性格にもなり、建築の形を決めてきた。物資流通の拠点だったからこそ、蔵町は生まれたのである。

伝統的な産業が衰えている現代の玉島においても、新しい産業が必要だろう。先に述べたように仮に重化学工業が古い街並みと、観光業が新しい街並みと相容れないならば、そうではない産業が必要なのだと思う。古さと新しさのいずれもが価値を持つことのできる産業である。古い蔵で音楽を聴くホール、酒蔵を改修したレストラン、地域性を活かして伝統建築を転用した公共施設など。そして、「クリエイティブリユース」の拠点となる「ＩＤＥＡ　ＲＬＡＢ」が、同時にまた「街並みのクリエイティブリユース」を促すひとつの契機となることも期待したい。

玉島の地名の由来とも言われている「玉島の玉」という伝説には、ふたつの玉が出てくるらしい。大きく丸い球形の肌理が荒い玉、小さくて平たい円形の肌理が細かい玉。二択が迫られている、というわけではないが、裏倉敷・玉島は、これからどんな街並みをつくっていくのだろうか。

【参考文献】
・玉島郷土研究会『玉島変遷史』（玉島市立図書館・玉島文化クラブ、一九五四年）
・辻野純徳「倉敷　その歴史と現在」（『都市住宅』一九七四年八月号、鹿島研究所出版会）
・布施鉄治『倉敷・水島／日本資本主義の展開と都市

社会　繊維工業段階から重化学工業段階へ：社会構造と生活様式変動の論理』（東信堂、一九九二年）
・東京芸術大学前野研究室『玉島町並み保存基本計画調査報告書』（倉敷市教育委員会、一九九三年）
・神家昭雄、大角雄三、楢村徹、萩原嘉郎、佐藤隆、矢吹昭良『住まい学体系〇七二　古民家再生術』（住まいの図書館出版局、一九九五年）
・倉敷ぶんか倶楽部『玉島界隈ぶらり散策（岡山文庫二四八）』（日本文教出版、二〇〇七年）
・田中誠「今なお成長を続ける我が国有数の工業港『水島地区』と栄光の歴史の復活を目指す商港『玉島地区』」（『ファイナンス』二〇〇七年六月号、大蔵財務協会）
・『歴史を活かしたまちづくり　重要伝統的建造物群保存地区八七』（文化庁文化財部参事官、二〇一〇年）
・宮本雅明『都市遺産の保存研究』（中央公論美術出版、二〇一三年）

伏見唯（ふしみ・ゆい）
一九八二年東京都生まれ／二〇〇八年早稲田大学大学院創造理工学研究科修士課程修了後、新建築社／二〇一一年〜早稲田大学大学院創造理工学研究科博士後期課程。専門は日本建築史。
著書に『よくわかる日本建築の見方』（共著、ＪＴＢパブリッシング、二〇一二年）、『木砕之注文』（共編著、中央公論美術出版、二〇一三年）など。また、『Great Buildings　誰も知らない「建築の見方」』（エクスナレッジ、二〇一三年）の監修。

謝辞

本書は、日本国内は言うに及ばず、異国からの突然の来訪にもかかわらず、快く取材に応じてくださった一〇〇人を超す人々との、ワクワクする出会いなしには書くことができませんでした。またそれらの方々は、次なる取材へと誘ってくださる、水先案内人でもありました。さらに、出版へ、マテリアルライブラリーの準備へと、さまざまな方がご協力くださいました。ここにお名前を記して深く感謝いたします。

取材に関して、Sarah Dyerさん、Daniel Krohさん、Julius Kranefussさん、Lise El Sayedさん、カリン・イルマズ・エッガーさん、ペトラ・シュルツさん、Pieter Cilliersさん、Jussi Maattaさん、ニナ・パルタネンさん、John Cloud Kaiderさん、Joel Frankさん、Harriet Taubさん、Julie Fishmanさん、Bob Newさん、Caitlin Collings-Domingoさん、ヒンデシュワル・パタックさん、桂久美さん、サンドラ・ピッチニーニさん、クラウディア・ジウディーチさん、ベネデッタ・バルバンティーニさん、バルバラ・トゥルトゥッロさん、アルバ・フェッラーリさん、ルイーザ・チーニさん、安原早苗さん、安原俊介さん、Ｚｅｎさん、西尾美也さん、藤浩志さん、土谷亨さん、車田智志乃さん、靴郎堂本店さん、ＯＩＤＥＹＯハウスの皆さん、山下里加さん、ユーゴさん、稲庭彩和子さん、伊藤達矢さん、「とびラー」の皆さん、豊田雅子さん、山木戸美穂さん、ディニス・セングラーネ司教、泉の家のスタッフの皆さん、中台澄之さん、田中浩也さん、山崎亮さん、他多くの方々に。

出版に関しては、渡邊直樹さん、臼井隆志さん、柳瀬博一さん、堀田瑞枝さん、赤石博子さんに。「IDEA R LAB」として機能させるための改修工事に関しては遠藤幹子さん、香山嘉通さん、大工の竹内さん親子にお世話になりました。また、玉島で古くて巨大な蔵を改修している若き安原成蔵さん・梨乃さんのおふたりには、手間の掛かる改修という道を選んだことによるさまざまな問題の共有や励まし、似た立場にいるからこそわかる、的を得たサポートをいただきました。しばしばくじけそうになるのを助けられました。素敵なロゴ、夜になるとカラフルに浮かび上がる看板をつくってくれたnakabanさん・中林麻衣子さんにも感謝いたします。

さらに玉島や、周辺のさまざまなクリエイターの皆さんには、片づけやモノの運び込み、マテリアルライブラリーの整備など、本当にお世話になりました。暑い夏の日、彼らの手助けがなければ「IDEA R LAB」は未だにでき上がっていなかったことと思います。深く感謝すると共に、今後も一緒に、クリエイティブリユースをテーマに楽しく活動していければと思っています。門松弘樹さん、菊池由紀子さん、佐藤朋子さん、秋山高英さん、樋口灯子さん、林雄一郎さん、笠原久美子さん、西山篤さん、高杉滋さん、新苗美緒さん、滝澤優さん、南田和紀さん、枚山由貴子さん、平野さんご一家、今井さんご一家、亀山健一さん・智子さん。「マテリアルライブラリー」に素材を提供してくださったナカダイさん、安藤實さん、玉島活版所さん、向原富美子さん、ナカノ洋品店さん。また、渡邉英二さんと安藤實さんには玉島に関する貴重な記録本をご提供いただきました。

寄稿いただいた伏見唯さんには、玉島を見る角度を少し変えることを教わりました。法務的なアドバイスや「クリエイティブ・コモンズ」導入に関してサポートしてくださった弁護士の水野祐さんには、新たなネットワークへのご紹介もいただきました。出版・編集に関しては富井雄太郎さんに全面的にお世話になりました。的確なジャッジと前向きな姿勢に、幾度となく励まされました。ありがとうございました。

振り返ってみると、すべては、廃材という魅力的なマテリアルが、すべてをつないでくれました。まさに本書のサブタイトルどおり「廃材と循環するモノ・コト・ヒト」だったように思います。この本が、皆様の創造的な暮らしへの小さなヒントにでもなれば幸いです。

最後になりましたが、皆様のご感想や、日々の実践、新たなプロジェクトのご報告を、是非「IDEA R LAB」(メール:ohtsuki@idea-r-lab.jp　ツイッター:hiroko_ohtsuki)にお寄せください。クリエイティブリユースのネットワークを、皆様と共に育てていければと思っています。誰もが、どこでも、いつからでも始められるのが、クリエイティブリユースの良さです。さぁ、ご一緒にいかがですか?

大月ヒロ子

大月ヒロ子（おおつき・ひろこ）

一九七九年武蔵野美術大学造形学部卒業／一九七九～八六年板橋区立美術館学芸員／一九八九年～有限会社イデア設立・代表取締役／一九九九～二〇〇一年東京国立近代美術館客員研究員、大阪府立大型児童館ビッグバン総合プロデューサー／一九九九～二〇〇九年日本産業デザイン振興会グッドデザイン賞審査委員／二〇〇一～〇四年有限会社トライプラス設立・代表取締役／二〇〇七年～キッズデザイン賞審査委員。

チルドレンズミュージアム、美術館、博物館、科学館分野において、企画開発、運営コンサルタント、ハンズオン展示、人材育成などを幅広く手掛ける。学校、集合住宅、ミュージアムにおける、コミュニケーションを誘発する新しい学びの場のデザインにも取り組んでいる。企業のデザイン開発プロジェクトでは、ワークショップを効果的に取り入れた新手法を構築。多数の行政やミュージアムの評価委員、運営協議会委員など。

主な著書に、『わくわくミュージアム―子どもの創造性を育む世界の86館』（婦人生活社、一九九四年）、『WorkshopLab』（監修、大日本印刷、一九九八年）、『世界のおもちゃ100選』（共著、中央公論新社、二〇〇三年）、『新 わくわくミュージアム―こどもの創造性を育む日本と海外の126館』（角川SSコミュニケーションズ、二〇〇三年）、『まるをさがして』（福音館書店、二〇〇四年）、『こどものためのワークショップ その知財はだれのもの？』共著（アムプロモーション、二〇〇七年）、『アートで1・2・3！』（講談社、二〇〇八年）、『コレでなにする？ おどろき・おえかき』（福音館書店、二〇〇九年）

クリエイティブリユース――廃材と循環するモノ・コト・ヒト

2013年8月30日　第1版第1刷発行

著者　大月ヒロ子
中台澄之　田中浩也　山崎亮
伏見唯
企画　大月ヒロ子　富井雄太郎
編集・装幀・DTP・発行　富井雄太郎
発行所　millegraph
tel & fax 03-5848-9183
http://www.millegraph.com/
info@millegraph.com
印刷・製本　図書印刷株式会社

Printed in Japan
ISBN978-4-9905436-2-4　C0077